自动控制系统集成与调试

主　编　黄　斌　谭顺学
副主编　唐华兴　梁国健　袁名华　孙艺心
　　　　杨达飞　谢柳军　刘士杰
主　审　关意鹏

北京理工大学出版社
BEIJING INSTITUTE OF TECHNOLOGY PRESS

图书在版编目（CIP）数据

自动控制系统集成与调试／黄斌，谭顺学主编．--
北京：北京理工大学出版社，2023.6
　　ISBN 978 - 7 - 5763 - 2542 - 3

　　Ⅰ．①自…　Ⅱ．①黄…②谭…　Ⅲ．①自动控制系统
Ⅳ．①TP273

　　中国国家版本馆 CIP 数据核字（2023）第 118649 号

责任编辑：多海鹏　　　**文案编辑**：多海鹏
责任校对：周瑞红　　　**责任印制**：李志强

出版发行／北京理工大学出版社有限责任公司
社　　址／北京市丰台区四合庄路 6 号
邮　　编／100070
电　　话／（010）68914026（教材售后服务热线）
　　　　　　（010）68944437（课件资源服务热线）
网　　址／http：//www.bitpress.com.cn

版 印 次／2023 年 6 月第 1 版第 1 次印刷
印　　刷／河北盛世彩捷印刷有限公司
开　　本／787mm×1092mm　1/16
印　　张／15.5
字　　数／361 千字
定　　价／78.00 元

前　　言

随着职业教育教学改革的需要、《中国制造2025》强国战略的实施，自动化生产已成为助力产业升级的核心，"自动控制系统集成与调试"等课程已无可争议地成为电气自动化、机电一体化等专业的核心课程。本书以培养能从事自动化设备的安装、编程、调试、维修、运行和管理等方面的高级应用型人才为目标，有机融合了机械设备安装与维护技术、传感检测技术、气动控制技术、电工电子技术、触摸屏应用技术、PLC应用技术、电气传动技术、工业现场网络通信技术等。

本书以典型的自动线设备为载体，针对目前生产线中的典型工作岗位和工作要求，突出项目的实用性、可行性和科学性，让学生在做中学、学中做，将理论知识及设备的安装、编程、调试贯穿于各个项目，重视技能训练和能力培养。全书项目的设计由易到难，由简单到复杂，由基础到综合，体现了循序渐进的学习规律。本书是校企合作教材，由柳州职业技术学院、广西生态工程职业技术学院和柳州钢铁股份有限公司共同开发而成，选用的项目、任务源于工程实际。

本书根据实际应用场景和能力进阶关系共分为7个项目：自动化生产线的认识、供料单元的安装与调试、加工单元的安装与调试、装配单元的安装与调试、分拣单元的安装与调试、输送单元的安装与调试、自动化生产线的总体安装与调试。每个任务都按照"资讯－计划－决策－实施－检查－评价"六步法来实施，读者在增长专业技能的同时，又强化了规范开展工作的能力，从而具备"结一课成一事"的能力。

本书内容紧扣立德树人的核心要求，把培养学生的职业道德、职业素养与创新创业能力融入教学内容和教学活动设计中，力图通过全局设计、过程贯通、细节安排提升职业教育课程教学的内涵，培养德、智、体、美、劳全面发展的社会主义事业接班人。本书内容丰富、层次合理、贴合应用、满足需求、通俗易懂、激发兴趣，技能学习与理论知识相辅相成，可作为高职高专院校机电一体化技术、电气自动化技术、工业机器人技术、智能机电技术、智能控制技术、智能机器人技术、工业过程自动化技术等相关专业教学用书，也可作为工程技术人员参考用书。

本书由柳州职业技术学院黄斌、谭顺学担任主编，由柳州职业技术学院梁国健、孙艺心、杨达飞及广西生态工程职业技术学院唐华兴、袁名华和柳州钢铁股份有限公司谢柳军、刘士杰担任副主编，由柳州职业技术学院关意鹏担任主审。

由于水平所限，编写时间仓促，书中错误和不足之处在所难免，诚请各位专家、学者、工程技术人员以及读者批评指正！

编　者

目　　录

项目 1　自动化生产线的认识

项目目标

（1）认识 YL‒335B 的基本结构、功能、控制结构、气源处理装置；

（2）认识 S7‒200 SMART PLC 硬件、STEP7‒Micro/WIN SMART 编程软件，掌握 S7‒200 SMART PLC 基本编程及调试的步骤；

（3）树立用电安全意识，并能从自动化生产线的发展轨迹中了解 PLC 在实际工程中的应用背景；

（4）开阔眼界，培养家国情怀，激发民族自豪感、自信心以及为实现中华民族伟大复兴的中国梦而奋发向上的内生动力。

项目描述

自动化生产线涉及机械技术、气动技术、传感技术、电气控制技术、运动控制技术、网络技术等，是电气自动化技术等电类专业必须掌握的核心技术，掌握自动化生产线技术对于专业知识、专业技能和职业素养的提高均有很大的促进作用。通过本项目的学习，学习者能够初步认识和了解自动化生产线系统所涉及的多种技术知识，YL‒335B 自动线的控制过程，以及 S7‒200 SMART PLC 应用，为后面深入学习自动化生产线技术的入门奠定基础。

本项目设置 2 个工作任务：

（1）认识 YL‒335B 型自动化生产线；

（2）掌握 S7‒200 SMART PLC 应用。

知识储备

一、自动化生产线基本概念

自动化生产线是指按照工艺过程，把一条生产线上的机器联结起来，形成包括上料、下料、装卸和产品加工等全部工序都能自动控制、自动测量和自动连续的生产线。它是在连续流水线的基础上进一步发展起来的，不仅要求加工对象自动地由一台机器设备传送到另一台机器设备，而且由机器设备自动地进行装卸、定位、夹紧、加工、检验、分拣、包装等；工人的任务仅是调整、监督和管理自动线，不参加直接操作；所有的机器设备都按统一的节拍运转，生产过程是高度连续的。

二、自动化生产线的技术特点

自动化生产线所涉及的技术领域较为广泛，主要包括机械技术、控制技术、传感技术、驱动技术、网络技术、人机接口技术等，通过一些辅助系统按照工艺过程将各种机械加工设备连成一体，并通过控制液压、气动和电气系统将各个加工设备动作联系起来，完成预定的生产加工任务。自动化生产线的基本内涵如图1-1所示。

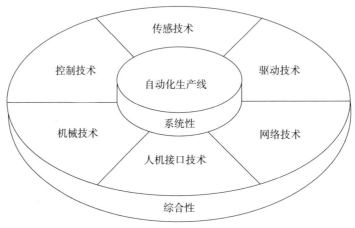

图1-1　自动化生产线的基本内涵

三、自动化生产线的优势

（1）较低的直接劳动参与；

（2）因为大批量的产品生产，所以产品成本较低；

（3）较高的劳动生产率；

（4）成品完工时间最短，在制品数量最少；

（5）工厂占地面积最小。

四、自动化生产线发展前景

数字控制机床、工业机器人和电子计算机等技术的发展，以及成组技术的应用，将使自动化生产线的灵活性更大，可实现多品种、中小批量生产的自动化。多品种可调自动线，降低了自动线生产的经济批量，因而在机械制造业中的应用越来越广泛，并向更高度自动化的柔性制造系统发展。

五、自动化生产线应用

1. 自动化生产线在口罩生产中的应用

图1-2所示为口罩自动化生产线。该生产线面层、滤层、底层三卷面料自动对齐入料，双边对称超声连续压边，经连续滚轮压边切断后，分流到两个工位进行耳带焊接，以提高生产效率，焊完耳带后自动计数码堆。生产线采用"一拖二"的结构，一台口罩主体通过传送系统，自动输送分流到两套耳带自动焊接加工工位。耳带通过超声波实现自动剪切、焊接。鼻夹可实现自动送料剪切及超声波焊接。

2. 自动化生产线在螺蛳粉生产中的应用

图1-3所示为螺蛳粉自动化生产线。该设备采用德国西门子PLC与触摸屏电气控制系统，人机界面友好，操作方便，在生产过程中可以快速更换包装袋规格，自动给袋装置的宽

图 1-2　口罩自动化生产线

图 1-3　螺蛳粉自动化生产线

度可自动一次性调整；具有封口温度监测功能，如果加热片损坏，则中触摸屏中会自动报警；封口方式采用瞬间加热与水冷方式，从而使封口更加平整美观。

　　3. 自动化生产线在饮料生产中的应用

　　图 1-4 所示为易拉罐灌装自动化生产线。该生产线有清洁、充填、封口、检测、包装、码垛等生产环节，整条生产线的自动化、智能化程度较高。

图 1-4　易拉罐灌装自动化生产线

4. 自动化生产线在汽车生产中的应用

图1-5所示为汽车车身焊接自动化生产线。该生产线包括焊接、涂胶、修磨、输送、识别、检测等生产环节。随着汽车工业的发展，焊接生产线要求焊钳一体化，汽车生产企业往往采用焊接机器人完成这项工作。一部焊接机器人可以完成3个工人的工作量，工作效率更高，其操作精度也优于人工，保证了汽车产品质量的一致性。焊接机器人在技术上突破了高速、大负载工业机器人的机械系统优化设计，高速、大负载运动平稳性控制等技术难点，实现了良好的人机交互操作。

图1-5 汽车车身焊接自动化生产线

六、相关专业术语

（1）Automatic Production Line（APL）：自动化生产线；

（2）aluminum alloy rail training platform：铝合金导轨式实训台；

（3）feeding unit：供料单元；

（4）prossing unit：加工单元；

（5）assembly unit：装配单元；

（6）sorting unit：分拣单元；

（7）delivery unit：输送单元；

（8）switch：交换机；

（9）RJ-45 interface：RJ-45接口；

（10）Programmable Logical Controller：可编程序逻辑控制器。

任务1 认识YL-335B型自动化生产线

一、任务目标

（1）认识YL-335B的基本结构；

（2）认识YL-335B自动化生产线的基本结构功能；

（3）认识 YL-335B 型自动化生产线设备的控制结构；

（4）认识 YL-335B 型自动化生产线的气源处理装置；

（5）开阔眼界，培养家国情怀，激发民族自豪感、自信心以及为实现中华民族伟大复兴的中国梦而奋发向上的内生动力。

二、任务计划

根据任务需求，完成自动化生产线的认识，撰写实训报告，制订表 1-1 所示的任务工作计划。

表 1-1　自动化生产线认识任务的工作计划

序号	项目	内容	时间/min	人员
1	自动生产线的认识	认识 YL-335B 的基本结构	30	全体人员
		认识 YL-335B 自动化生产线的基本结构功能	30	全体人员
		认识 YL-335B 型自动化生产线设备的控制结构	30	全体人员
		认识 YL-335B 型自动化生产线的气源处理装置	30	全体人员
2	撰写实训报告	简述 YL-335B 的基本结构和功能	20	全体人员
		简述 YL-335B 型自动化生产线设备的控制结构	10	全体人员
		简述 YL-335B 型自动化生产线的气源处理装置	10	全体人员

三、任务决策

按照工作计划表 1-1，完成小组实施自动化生产线认识的任务，并提交实训报告。

四、任务实施

（一）认识 YL-335B 的基本结构

YL-335B 型自动化生产线实训考核装备由供料单元、加工单元、装配单元、分拣单元和输送单元 5 个单元组成，如图 1-6 所示。

YL-335B 自动化生产线各单元安装在铝合金导轨式实训台上，如图 1-7 所示。

（二）认识 YL-335B 自动化生产线的基本结构功能

YL-335B 自动化生产线的基本功能是：当发出主令信号后，供料单元将料仓的工件推出，输送单元把工件送往加工单元的物料台，完成加工操作后，输送单元把加工好的工件送往装配单元的物料台，然后把装配单元料仓不同颜色的小圆柱工件嵌入到物料台的工件中，完成装配后的成品由输送单元送往分拣单元分拣输出，分拣单元根据工件的材质和颜色进行分拣。

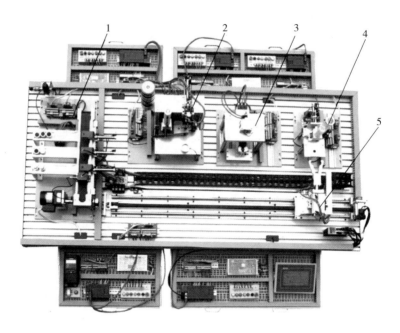

图 1-6　YL-335B 自动生产线各单元

1—分拣单元；2—装配单元；3—加工单元；4—供料单元；5—输送单元

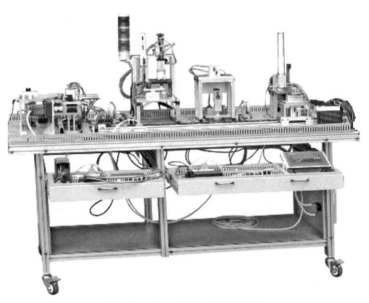

图 1-7　YL-335B 自动生产线

1. 供料单元

供料单元主要由管式料仓、顶料气缸、推料气缸、传感器和工作定位装置组成。供料单元的基本功能是把放置于管式料仓中的半成品工件推出到物料台上，以便输送单元的机械手爪将半成品工件抓取送往加工单元。

2. 加工单元

加工单元主要由物料台及滑动机构、冲压机构、磁感应接近开关、漫射式光电传感器组成。加工单元的基本功能是把物料台的半成品工具（由输送单元从供料单元送来）夹紧，送到冲压机构下面，冲压机构对半成品工件完成一次冲压动作，然后物料台复位并松开工件，以便输送单元用机械手手爪取出。

3. 装配单元

装配单元主要由装配件料仓、装配件搬运装置、装配机械手、装配台和传感器等组成。装配单元的基本功能是把工件由输送单元预先放置在装配台上，装配件料仓放下一个装配件，搬运装置把装配件送到规定位置，装配机械手抓取装配件，并嵌入到工件上方的孔中，完成装配过程，以便输送单元把装配好的成品输送到分拣单元。

4. 分拣单元

分拣单元主要由传送机构和分拣机构组成。分拣单元的基本功能是将输送单元送来的成品进行分拣，使不同颜色的成品和不同材质的成品从不同的料槽分拣。

5. 输送站的基本功能

输送站的基本功能是通过直线运动传动机构，驱动机械手装置在指定工作站物料台上实现精确定位，以便于在该物料台上抓取工件并将其输送到指定位置放下，实现传送工件的功能。

（三）认识 YL－335B 型自动化生产线设备的控制结构

1. YL－335B 自动化生产线的供电电源

YL－335B 自动化生产线供电电源为三相五线制电源，图 1－8 所示为供电电源模块原理图。图 1－8 中 QF1 为电源总开关，选用 DZ47LE－32/C32 型三相四线漏电断路器；QF2 为变频器电源开关，选用 DZ47C16/3P 三相断路器；QF3～QF9 分别为如图 1－8 所示各个加工单元的电源开关，都选用 DZ47C5/2P 单相断路器。图 1－9 所示为 YL－335B 自动生产线电源配电箱安装实物图。

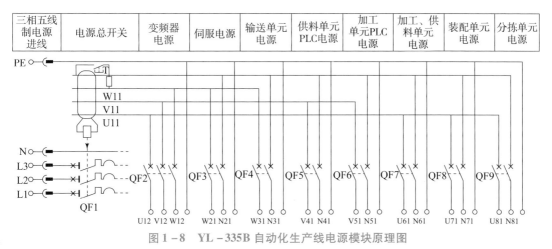

图 1－8　YL－335B 自动化生产线电源模块原理图

学习笔记

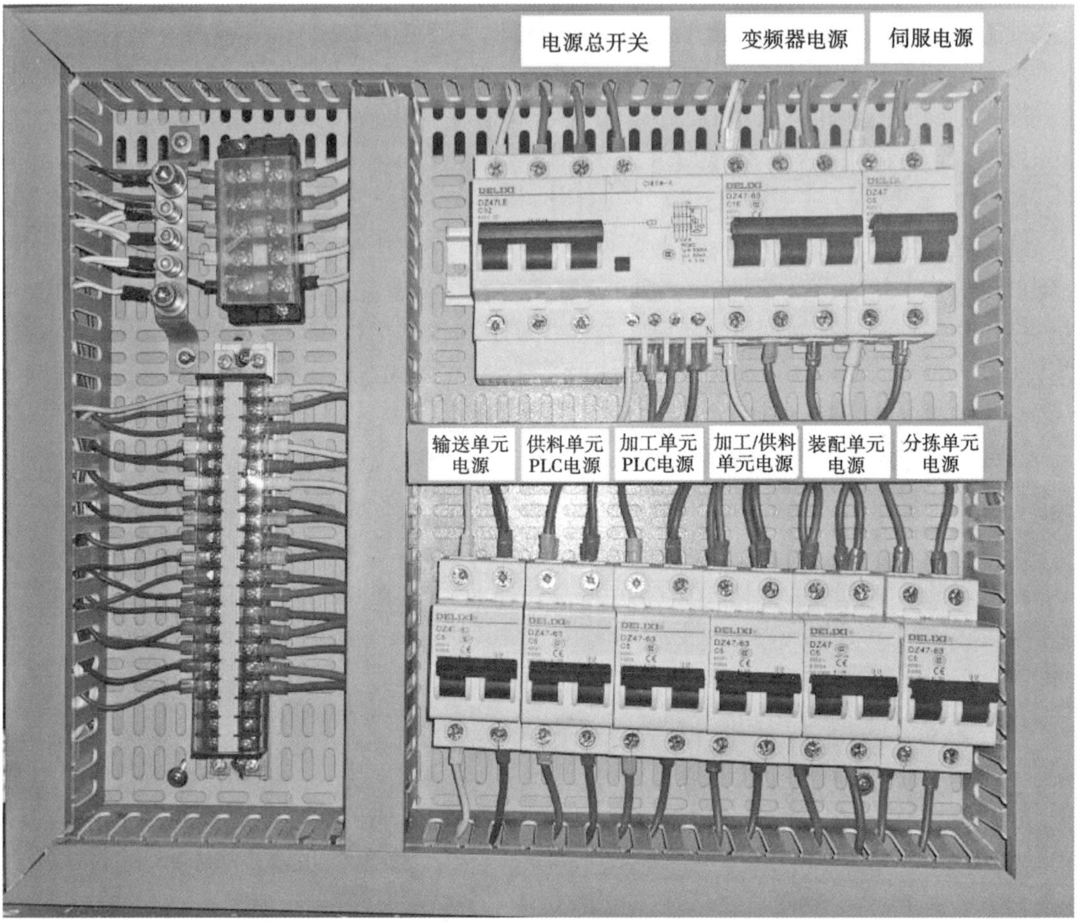
电源总开关
变频器电源
伺服电源
输送单元电源
供料单元PLC电源
加工单元PLC电源
加工/供料单元电源
装配单元电源
分拣单元电源

图 1-9　YL-335B 自动化生产线电源配电箱安装实物图

2. YL-335B 型自动化生产线的结构特点

(1) 从结构上看，机械装置部分和电气控制部分相对分离。

YL-335B 型自动化生产线各工作单元在实训台上的分布俯视图如图 1-10 所示。从整体看，YL-335B 型自动化生产线的机械装置部分和电气控制部分是相对分离的，每一工作单元机械装置整体安装在底板上，而控制工作单元生产过程的 PLC 装置、按钮/指示灯模块则安装在工作台两侧的抽屉板上。

工作单元机械装置与 PLC 装置之间的信息交换方法是：机械装置上的各电磁阀和传感器的引线均连接到装置侧接线端口上，装置侧接线端口如图 1-11 所示；PLC 的 I/O 引出线则连接到 PLC 侧接线端口上，PLC 侧接线端口如图 1-12 所示；两个接线端口之间通过两根多芯信号电缆互连，其中 25 针接头电缆连接 PLC 的输入信号，15 针接头电缆连接 PLC 的输出信号。

装置侧接线端口的接线端子采用三层端子结构，分为左、右两部分：传感器端口（输入信号端）和驱动端口（输出信号端）。无论是传感器端口，还是驱动端口，其上层端子用以连接 DC 24 V 电源的 +24 V 端，底层端子用以连接 DC 24 V 电源的 0 V 端，中间层端子用

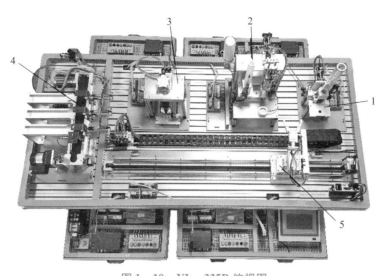

图 1-10　YL-335B 俯视图

1—供料站；2—加工站；3—装配站；4—分拣站；5—输送站

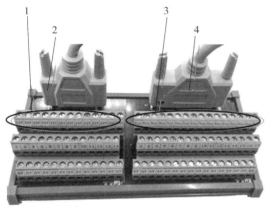

驱动端口　　　　　　传感器端口

图 1-11　装置侧接线端口

1—不带内阻的 +24 V 端口；2—15 针接头；

3—带内阻的 V$_{CC}$ 端口；4—25 针接头

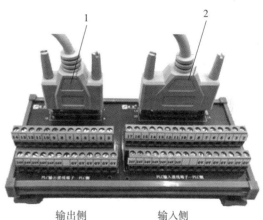

输出侧　　　　　　输入侧

图 1-12　PLC 侧接线端口

1—15 针接头；2—25 针接头

以连接各信号线。为了防止在实训过程中误将传感器信号线接到 +24 V 端而损坏传感器，传感器端口各上层端子均在接线端口内部用 510 Ω 限流电阻连接到 +24 V 电源端。在进行电气接线时必须注意，传感器端口各上层端子即 Vcc 端提供给传感器的电源是有内阻的非稳压电源。

　　PLC 侧接线端口的接线端子采用两层端子结构，上层端子用以连接各信号线，其端子号与装置侧接线端口的接线端子相对应；底层端子用以连接 DC 24 V 电源的 +24 V 端和 0 V 端。

　　（2）每一工作单元都可自成一个独立的系统。

　　YL-335B 型自动化生产线每一工作单元的工作过程都由一台 PLC 控制，从而可自成一个独立的系统。独立工作时，其运行的主令信号以及运行过程中的状态显示信号均来源于该工作单元按钮/指示灯模块，模块外观如图1-13所示。模块上指示灯和按钮的引出线全部连到接线端子排上。

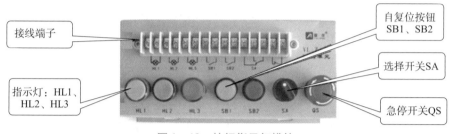

接线端子

自复位按钮SB1、SB2

选择开关SA

指示灯：HL1、HL2、HL3

急停开关QS

图1-13 按钮指示灯模块

工作单元可独立运行，也可以联网运行，利于实施从简单到复杂、逐步深化、循序渐进的教学过程，可以根据各工作单元所涵盖的不同知识、技能点，有针对性地选择实训内容进行教学实施。

3. YL-335B型自动化生产线中的可编程控制器

本书仅介绍采用西门子S7-200 SMART系列PLC能满足YL-335B型自动化生产线的控制要求，其各工作单元PLC的配置见表1-2。

表1-2　YL-335B型自动化生产线各工作单元PLC的配置

工作单元	基本单元
供料单元	CPU SR40 AC/DC/RLY
加工单元	CPU SR40 AC/DC/RLY
装配单元	CPU SR40 AC/DC/RLY
分拣单元	CPU SR40 AC/DC/RLY
输送单元	CPU ST40 DC/DC/DC

4. YL-335B型自动化生产线的网络结构

PLC的现代应用已从独立单机控制向数台连接的网络发展，也就是把PLC和计算机以及其他智能装置通过传输介质连接起来，以实现迅速、准确、及时的数据通信，从而构成功能强大、性能更好的自动控制系统。

学习安装和调试PLC通信网络的基本技能，为进一步组建更为复杂的、功能更为强大的PLC工业网络（如各种现场总线）等通信网络打下基础，是自动化生产线安装与调试综合实训的一项重要的内容。

YL-335B型自动化生产线各工作单元在联机运行时通过网络互连构成一个分布式的控制系统。对于采用SMART系列PLC的YL-335B型自动化生产线，其标准配置采用了工业以太网，如图1-14所示。

5. 触摸屏及嵌入式组态软件

YL-335B型自动化生产线运行的主令信号（复位、启动、停止等）一般是通过触摸屏人机界面给出。同时，人机界面上也会显示系统运行的各种状态信息。

以太网交换机　供料站CPU　装配站CPU　加工站CPU　分拣站CPU　输送站CPU　HMI设备　个人计算机

图 1 – 14　YL – 335B 设备的以太网网络结构

YL – 335B 型自动化生产线采用了昆仑通态 TPC7062Ti 触摸屏作为它的人机界面。TPC7062Ti 触摸屏是一套以先进的 Cortex – A8 CPU 为核心（主频率为 600 MHz）的高性能嵌入式一体化触摸屏。该产品设计采用了 7 in（1 in = 2.54 cm）、高亮度 TFT 液晶显示屏（分辨率为 800 × 480 像素），四线电阻式触摸屏（分辨率为 4 096 × 4 096 像素），同时还预装了 MCGS 嵌入式组态软件（运行版），具备强大的图像显示和数据处理功能。

运行在 TPC7062Ti 触摸屏上的各种控制界面，需要首先用运行于个人计算机（PC）的 Windows 操作系统下的组态软件 MCGS 制作"工程文件"，再通过 PC 和触摸屏的 USB 口或者网口把组建好的"工程文件"下载到人机界面中运行，人机界面与生产设备的控制器（PLC 等）不断交换信息，实现监控功能。人机界面的组态与运行过程连接示意图如图 1 – 15 所示。

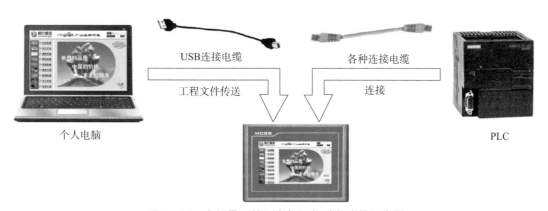

USB连接电缆　　　各种连接电缆

工程文件传送　　　连接

个人电脑　　　　　　　　　　　　　　　　PLC

图 1 – 15　人机界面的组态与运行过程连接示意图

昆仑通态公司专门开发的用于 mcgsTpc 的 MCGS 嵌入版组态软件，其体系结构分为组态环境、模拟运行环境和运行环境三部分。组态环境和运行环境是分开的，在组态环境下组态好的工程要下载到嵌入式系统中运行。

MCGS 嵌入版组态软件须安装到计算机上才能使用，具体安装步骤可参阅相关 MCGS 嵌入版组态软件说明书。安装完成后，Windows 操作系统桌面上添加了如图 1 – 16 所示的两个快捷方式

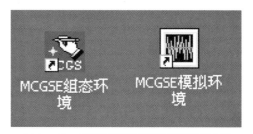

图 1 – 16　组态环境和模拟运行环境图标

图标，分别用于启动 MCGS 嵌入式组态环境和模拟运行环境。

MCGS 嵌入版模拟运行功能使得用户在模拟环境中就可以查看组态的界面美观性、功能的实现情况以及性能的合理性，从而解决了用户组态调试中必须将 PC 与触摸屏嵌入式系统相连的问题。

（四）认识 YL-335B 型自动化生产线的气源处理装置

YL-335B 的气源处理组件及其回路原理图如图 1-17 所示。气源处理组件是气动控制系统中的基本组成器件，它的作用是除去压缩空气中所含的杂质及凝结水，调节并保持恒定的工作压力。在使用时，应注意经常检查过滤器中凝结水的水位，在超过最高标线以前必须排放，以免被重新吸入。气源处理组件的气路入口处安装一个快速气路开关，用于启/闭气源，当把气路开关向左拔出时，气路接通气源，反之把气路开关向右推入时气路关闭。

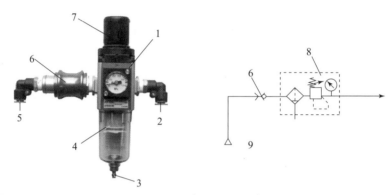

图 1-17　气源处理组件

（a）气源处理组件实物；（b）气动原理图

1—压力表；2—输出口；3—手动排水阀；4—过滤及干燥器；

5—进气口；6—快速开关；7—压力调节旋钮；8—气动二联件；9—气源

气源处理组件的输入气源来自空气压缩机，所提供的压力为 0.6~1.0 MPa，输出压力为 0~0.8 MPa 可调，其输出的压缩空气通过快速三通接头和气管输送到各工作单元。

五、任务检查

为保证任务能顺利可靠地开展下去，必须对任务的实施过程和结果进行检查。检查内容的设置原则主要包括两点：对影响到任务能否正常实施及其完成质量的因素，要设置为检查内容，包括安全、操作、结果（中间结果和最终结果）等；此外，所设置的检查内容应尽可能量化表达，以便于客观评价任务的实施。

根据任务目标具体内容，设置表 1-3 所示检查表，在实施过程和终结时进行必要的检查并填报检查表。

表 1-3　自动化生产线的认识任务检查表

项目	分值	评分要点	检查情况	得分
认识 YL-335B 型自动化生产线的基本结构	10	对基本结构理解到位，并叙述正确		

项目	分值	评分要点	检查情况	得分
认识 YL-335B 型自动化生产线基本结构功能	20	对基本结构的功能理解到位，并叙述正确		
认识 YL-335B 型自动化生产线设备的控制结构	20	知道电源配电箱的整体布置，并且能知道各自动开关的控制功能		
认识 YL-335B 型自动化生产线的气源处理装置	20	了解 YL-335B 型自动化生产线的气源处理组件		
职业素养	30	分工合理，制订计划能力强，严谨认真；爱岗敬业，安全意识，责任意识，服从意识；团队合作，交流沟通，互相协作，分享能力；主动性强，保质保量完成工作页相关任务；能采取多样化手段收集信息、解决问题		
合计	100			

六、任务评价

严格按照任务检查表来完成本任务的实训内容，教师对学生实训内容完成情况进行客观评价，评价表见表 1-4。

表 1-4　自动化生产线的认识任务评价表

评价项目	评价内容	分值	教师评价
职业素养 30 分	分工合理，制订计划能力强，严谨认真	5	
	爱岗敬业，安全意识，责任意识，服从意识	5	
	团队合作，交流沟通，互相协作，分享能力	5	
	遵守行业规范，现场 6S 标准	5	
	主动性强，保质保量完成工作页相关任务	5	
	能采取多样化手段收集信息、解决问题	5	
专业能力 60 分	认识 YL-335B 型自动化生产线的基本结构	15	
	认识 YL-335B 型自动化生产线的基本结构功能	15	
	认识 YL-335B 型自动化生产线设备的控制结构	15	
	认识 YL-335B 型自动化生产线的气源处理装置	15	
创新意识 10 分	创新性思维和行动	10	
合计		100	

（1）进一步熟悉 YL-335B 型自动化生产线的基本操作技能，掌握 YL-335B 自动化生产线的单站运行操作和联机运行操作技能，深刻理解自动化生产线的工艺控制过程。

（2）通过参观有关企业，观察 YL-335B 型自动化生产线的结构和运行过程，比较 YL-335B 型自动化生产线与工业实际的自动化生产线的异同点。

任务2 掌握 S7-200 SMART PLC 应用

一、任务目标

（1）认识 S7-200 SMART PLC 硬件；

（2）熟悉 STEP7-Micro/WIN SMART 编程软件；

（3）掌握 S7-200 SMART PLC 基本编程及调试步骤；

（4）树立用电安全意识，并能从自动化生产线的发展轨迹中了解 PLC 在实际工程中的应用背景。

二、任务计划

根据任务需求，掌握 S7-200 SMART PLC 应用，撰写实训报告，制订如表 1-5 所示任务工作计划。

表 1-5 S7-200 SMART PLC 应用任务的工作计划

序号	项目	内容	时间/min	人员
1	掌握 S7-200 SMART PLC 应用	认识 S7-200 SMART PLC 硬件	30	全体人员
		熟悉 STEP7-Micro/WIN SMART 编程软件	30	全体人员
		掌握 S7-200 SMART PLC 基本编程	30	全体人员
		掌握 S7-200 SMART PLC 编程调试	30	全体人员
2	撰写实训报告	简述 S7-200 SMART PLC 硬件的基本结构	20	全体人员
		简述 S7-200 SMART PLC 基本编程及调试步骤	20	全体人员

三、任务决策

根据工作计划表，按小组实施 S7-200 SMART PLC 应用，完成任务并提交实训报告。

四、任务实施

（一）S7-200 SMART 硬件

S7-200 SMART 是 S7-200 的升级换代产品，它继承了 S7-200 的诸多优点，指令与 S7-200 基本相同。S7-200 SMART 增加了以太网端口与信号板，保留了 RS-485 端口，增加了 CPU 的 I/O 点数。S7-200 SMART 共有 10 种 CPU 模块，分为经济型（两种）和标准型（8 种），以适合不同应用现场。

1. S7 – 200 SMART CPU 模块硬件

S7 – 200 SMART CPU 模块硬件如图 1 – 18 所示。模块通过导轨固定卡口固定于导轨上，上方为数字量输入接线端子、以太网通信端口和供电电源接线端子；下方为数字量输出接线端子；左下方为 RS – 485 通信端口；右下方为存储卡插槽；正面有选择器件（信号板或通信板）接口及多种 CPU 运行和状态指示灯（主要有输入/输出指示灯，运行状态指示灯 RUN、STOP 和 ERROR，以太网通信指示灯等）；右侧有插针式连接器，便于连接扩展模块。

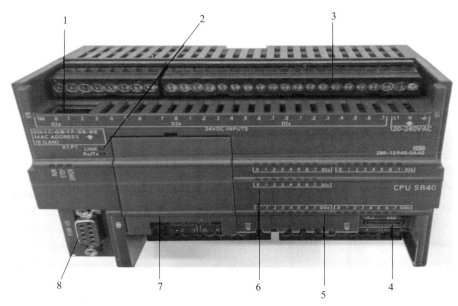

图 1 – 18 S7 – 200 SMART CPU 模块硬件

1—以太网端口；2—通信与运行状态指示灯；3—输入端子排；4—Micro SD 卡插槽；
5—输出状态指示灯 LED；6—输入状态指示灯 LED；7—信号极；8—RS – 485 通信端口

2. S7 – 200 SMART CPU 模块的技术规范

S7 – 200 SMART 各 CPU 模块的简要技术规范如表 1 – 6 所示。经济型 CPU CR40/CR60 的价格便宜，无扩展功能，没用实时时钟和脉冲输出功能；其余的 CPU 为标准型，有扩展功能。脉冲输出仅适用于晶体管输出型 CPU。

表 1 – 6 S7 – 200 SMART 各 CPU 模块的简要技术规范

特性	CPU CR40/CR60	CPU SR20/ST20	CPU SR30/ST30	CPU SR40/ST40	CPUSR60/ST60
本机数字量 I/O 点数	CR40：24DI/16DO CR60：36DI/24DO	12DI/8DO	18DI/12DO	24DI/16DO	36DI/24DO
用户程序区	12 KB	12 KB	18 KB	24 KB	30 KB
用户数据区	8 KB	8 KB	12 KB	16 KB	20 KB
扩展模块数	—	6			
通信端口数	2	2 ~ 3			
信号板	—	1			

特性	CPU CR40/CR60	CPU SR20/ST20	CPU SR30/ST30	CPU SR40/ST40	CPUSR60/ST60
高速计数器 单相高速计数器 双相高速计数器	共4个 单相，100 kHz，4个 A/B相，50 kHz，2个	共4个 单相，200 kHz，4个 A/B相，50 kHz，2个			
最大脉冲输出频率	—	2个，100 kHz （仅ST20）	2个，100 kHz（仅ST30/ST40）		
实时时钟，可保持7天	—	有			
脉冲捕捉输入点数	14	12	14		

可断电保持的存储区为 10 KB（B 是字节的简称），各 CPU 的过程映像输入（I）、过程映像输出（Q）和位存储器（M）分别为 256 点，主程序、每个子程序和中断程序的临时局部变量为 64 B。CPU 有两个分辨率为 1 ms 的定时中断定时器，有 4 个上升沿和 4 个下降沿中断，可选信号板 SB DT04 有两个上升沿中断和两个下降沿中断，可使用 8 个 PID 回路。

布尔运算指令执行时间为 0.15 μs，实数数学运算指令执行时间为 3.6 μs；子程序和中断程序最多分别为 128 个；有 4 个累加器，256 个定时器和 256 个计数器。

实时时钟精度为 ±120 s/月，保持时间通常为 7 天，25℃时最少为 6 天。

CPU 和扩展模块各数字量 I/O 点的通/断状态用发光二极管（LED）显示，PLC 与外部接线的连接采用可以拆卸的插座型端子板，不需要断开端子板上的外部连线就可以迅速地更换模块。

3. YL-335B 型自动化生产线上选用的 S7-200SMART CPU 及其 I/O 接线

在 YL-335B 型自动化生产线上，输送单元以及装配单元 Ⅱ 采用 ST40 DC/DC/DC 型，其余工作单元（包括原装配单元）均采用 SR40 AC/DC/RLY 型。这两种型号的 CPU 典型接线分别如图 1-19 和图 1-20 所示。

以 CPU SX40 为例，供电类型有两种：DC 24 V 和 AC 120/240 V。DC/DC/DC 类型的 CPU 供电电源是 DC 24 V；AC/DC/RLY 类型的 CPU 供电电源是 AC 220 V。在图 1-19 中，SR40 右上角标记 L1、N 的接线端子为交流电源输入端；在图 1-20 中，ST40 右上角标记 L+、M 的接线端子为直流电源输入端。两者右下角标记 L+、M 的接线端子对外输出 DC 24 V，可用来给 CPU 本体的 I/O 点、EM 扩展模块、SB 信号板上的 I/O 点供电，最大供电能力为 300 mA。

CPU 本体的数字量输入都是 DC 24 V，如图 1-21 所示，可以支持漏型输入（回路电流从外接设备流向 CPU DI 端）和源型输入（回路电流从 CPU DI 端流向外接设备）。漏型与源型输入分别对应 PNP 和 NPN 输出类型的传感器信号。

CPU 本体的数字量输出有两种类型：直流 24 V 晶体管和继电器，如图 1-22 所示。晶体管输出的 CPU 只支持源型输出，而继电器输出可以接直流信号，也可以接 120 V/240 V 的交流信号。

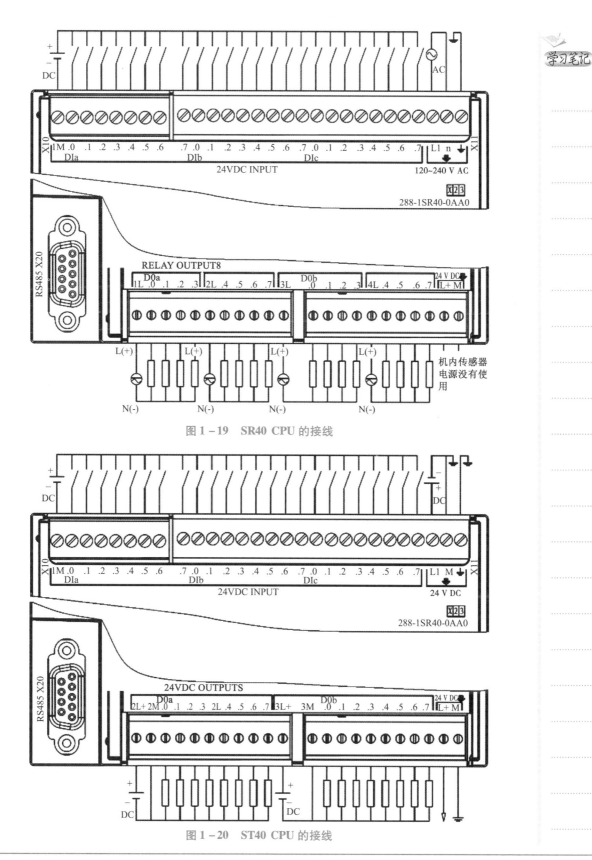

图 1 - 19　SR40 CPU 的接线

图 1 - 20　ST40 CPU 的接线

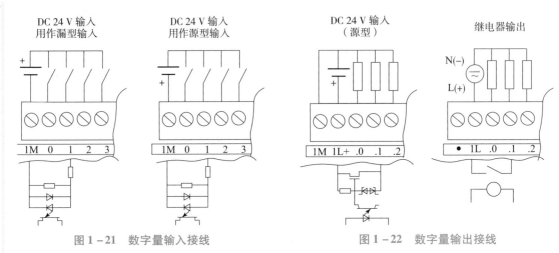

DC 24 V 输入　　　　　　DC 24 V 输入　　　　　　DC 24 V 输入　　　　　继电器输出
用作漏型输入　　　　　　用作源型输入　　　　　　（源型）

图 1 – 21　数字量输入接线　　　　　　　图 1 – 22　数字量输出接线

（二）STEP 7 – Micro/WIN SMART 编程

S7 – 200 SMART 的编程软件 STEP 7 – Micro/WIN SMART 为用户开发、编辑和监控应用程序提供了良好的编程环境。为了能快捷、高效地开发用户的应用程序，STEP 7 – Micro/WIN SMART 软件提供了 3 种程序编辑器，即梯形图（LAD）、语句表（STL）和功能块图（FBD）。STEP 7 – Micro/WIN SMART 编程软件界面如图 1 – 13 所示。

1. 快速访问工具栏

STEP7 – Micro/WINSMART 编程软件设置了快速访问工具栏，包括新建、打开、保存和打印这几个默认的按钮。用鼠标左键单击访问工具栏右边的■按钮，出现"自定义快速访问工具栏"菜单，单击"更多命令…"，打开"自定义"对话框，可以增加快速访问工具栏上的命令按钮。

单击界面左上角的"文件"按钮■可以简单、快速地访问"文件"菜单的大部分功能，并显示出最近打开过的文件，单击其中的某个文件，即可直接打开它。

2. 菜单

STEP7 – Micro/WIN SMART 采用带状式菜单，每个菜单的功能区占的位置较宽。用鼠标右键单击菜单功能区，执行出现的快捷菜单中的"最小化功能区"命令，在未单击菜单时不会显示菜单的功能区，单击某个菜单项可以打开和关闭该菜单的功能区。如果勾选了某个菜单项的"最小化功能区"功能，则在打开该菜单项后，单击该菜单功能区之外的区域（菜单功能区的右侧除外）也能关闭该菜单项的功能区。

3. 项目树与导航栏

项目树用于组织项目。用鼠标右键单击项目树的空白区域，可以在弹出的快捷菜单中选择"单击打开项目"命令，设置用鼠标单击或双击打开项目中的对象。

如图 1 – 23 所示，项目树上面的导航栏有符号表、状态图表、数据块、系统块、交叉引用和通信 6 个按钮，单击它们，可直接打开项目树中对应的对象。

单击项目树中文件夹左边带加减号的小方框，可以打开或关闭该文件夹，也可以用鼠标双击文件夹打开它。用鼠标右键单击项目树中的某个文件夹，可以用快捷菜单中的命令进行

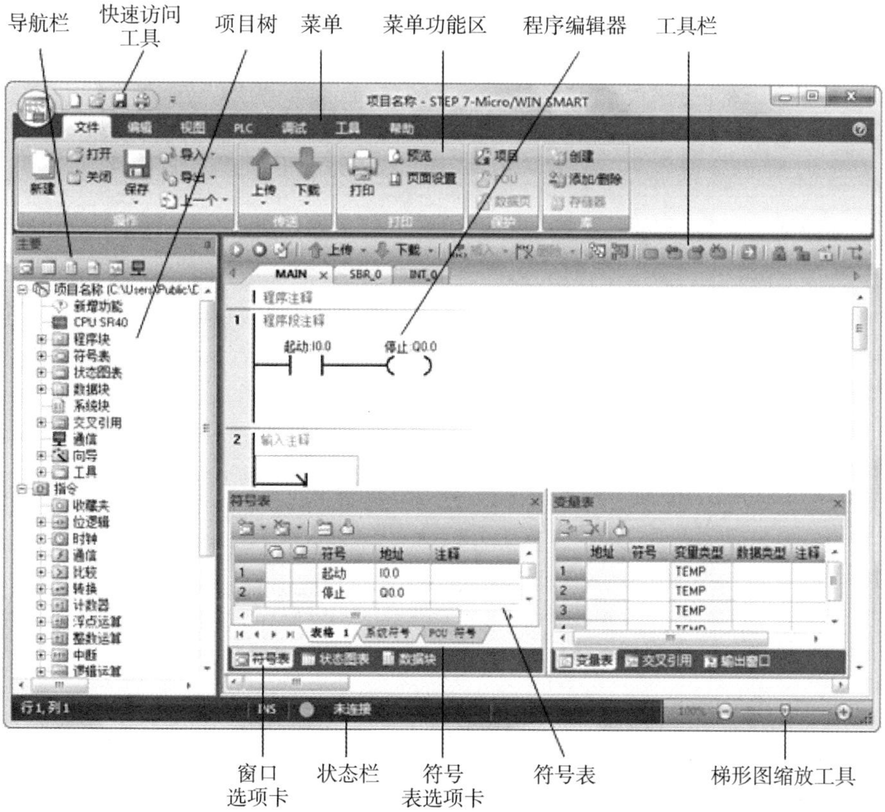

图 1 – 23　STEP7 – Micro/WIN SMART 编程软件界面

打开、插入、选项等操作，允许的操作与具体的文件夹有关。右键单击文件夹中的某个对象，可以进行打开、复制、粘贴、插入、删除、重命名和设置属性等操作，允许的操作与具体的对象有关。

单击工具菜单功能区中的"选项"按钮，再单击"选项"对话框左边窗口中的"项目树"，勾选右边窗口的多选框"启用指令树自动折叠"，用于设置在打开项目树中的某个文件夹时是否自动折叠项目树原来打开的文件夹，如图 1 – 24 所示。

将光标放到项目右侧的垂直分界线上，光标变为水平方向的双向箭头，按住鼠标左键，移动鼠标，可以拖动垂直分界线，调节项目树的宽度。

4. 状态栏

状态栏位于主窗口底部，可提供软件中执行操作的相关信息。在编辑模式，状态栏显示编辑器的信息，例如当前是插入（INS）模式还是覆盖（OVR）模式，通常可以用计算机的 ［Insert］ 键切换这两种模式。状态栏还可显示在线状态信息，包括 CPU 的状态、通信连接状态、CPU 的 IP 地址和可能的错误等。此外还可以用状态栏右边的梯形图缩放工具放大或缩小梯形图程序。

（三）用 STEP7 – Micro/WIN SMART 建立一个完整的项目

控制要求：用 S7 – 200 SMART PLC 实现启 – 保 – 停控制。按下启动按钮 SB1，指示灯

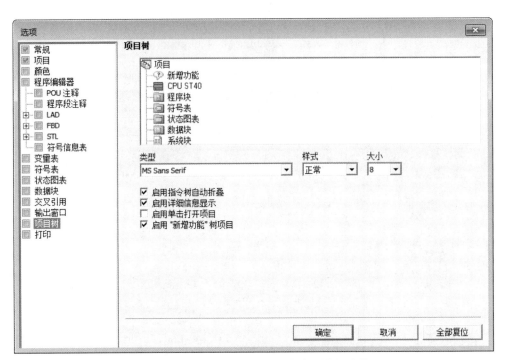

图1-24 项目树文件夹的"自动折叠"功能

HL1点亮；按下停止按钮SB2，指示灯HL1熄灭。要求完成硬件接线及PLC程序的编写、编译、下载及调试。

1. 硬件接线

根据控制要求，S7-200 SMART硬件接线如图1-25所示。图1-25中输入采用源型接法，24 V电源正极连接公共端1M。

2. 程序编写与调试

启-保-停控制程序编写如图1-26所示，下面讲述该程序由编辑输入到下载、运行和监控的全过程。

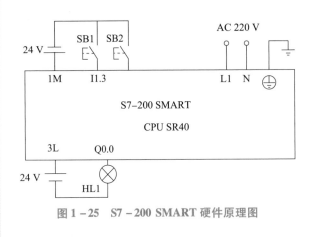

图1-25 S7-200 SMART硬件原理图

图1-26 启-保-停控制梯形图

1）启动软件

双击桌面上的STEP7-Micro/WIN SMART快捷图标，打开编程软件后，一个命名为

"启－保－停"的空项目会被自动创建。

2）硬件配置

双击项目树上方的"CPU ST40"图标，弹出"系统块"对话框，选择实际使用的 CPU 类型（CPU SR40），然后单击"确定"按钮返回，如图 1－27 所示。

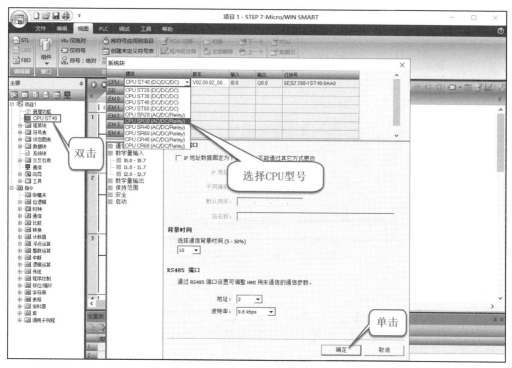

图 1－27　选择 CPU 类型

3）程序编辑与编译

如图 1－28 所示，单击程序编辑器上方工具栏中的"插入触点""插入线圈"等快捷按钮，在编辑窗口编辑程序，编辑完毕后保存程序，然后单击工具栏中的"编译"按钮进行编译，如图 1－29 所示，编译结果在输出窗口中显示。若程序有错误，则输出窗口会显示错误信息，此时可在输出窗口中的错误处双击以跳转到程序中该错误所在处，然后进行修改和重新编译。

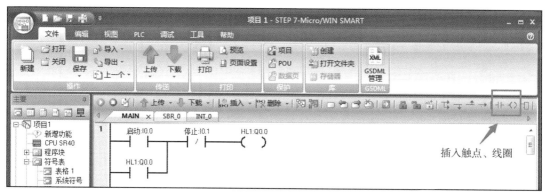

图 1－28　编辑梯形图程序界面

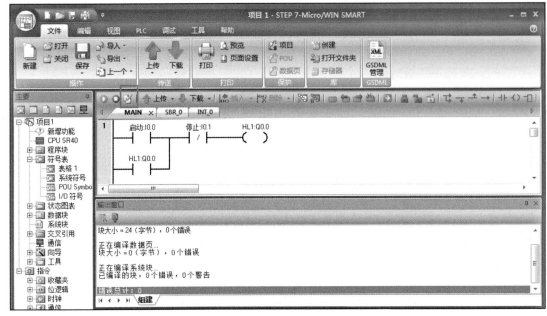

图 1 - 29 程序编辑与编译界面

4）联机通信

用普通的网线完成计算机与 PLC 的硬件连接后，双击 STEP7 - Micro/WIN SMART 编程软件项目树中的"通信"选项，弹出"通信"对话框。单击通信接口的下拉菜单，选择个人计算机的网卡，本例的网卡选择如图 1 - 30 所示（与个人计算机的硬件有关，可在如图 1 - 31 所示列表框中查询），然后单击下方的"查找 CPU"按钮，找到 SMARTCPU 的 IP 地址为"192.168.2.1"，如图 1 - 32 所示。单击"闪烁指示灯"按钮，通过目测找到连接的 PLC（运行状态指示灯交替闪烁）。

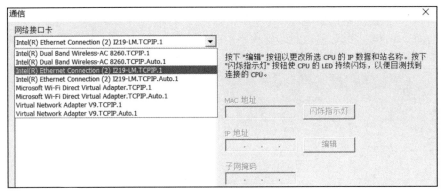

图 1 - 30 网卡选择

单击"闪烁停止"按钮，然后单击"确定"按钮，连机通信成功；也可能会通信不成功，弹出如图 1 - 33 所示对话框，这是因为编程设备即个人计算机的 IP 地址与 SMART PLC

图 1 - 31　网卡查询

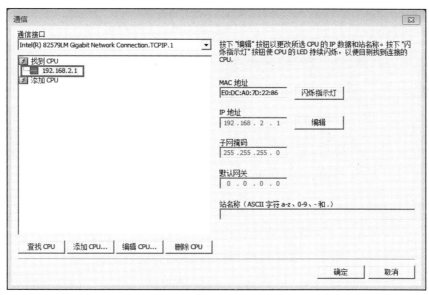

图 1 - 32　查找 CPU

的 IP 地址没有设置成同一网段。不设置个人计算机 IP 地址，也可以搜索到可访问的 PLC，但不能下载程序。

5）设置个人计算机 IP 地址

设置个人计算机的 IP 地址与 SMARTCPU 的 IP 地址位于同一网段（末尾数字不同，其他同），例如，192.168.2.6，如图 1 - 34 所示，然后单击"确定"按钮返回。所有 S7 - 200 SMART CPU 出厂时都有默认 IP 地址，为 192.168.2.1。

图 1-33　通信连接错误对话框

图 1-34　编程设备（个人计算机）IP 设置

6）下载程序

单击程序编辑器工具栏中的下载按钮，弹出如图 1-35 所示对话框，勾选"程序块""数据块""系统块""从 RUN 切换到 STOP 时提示""从 STOP 切换到 RUN 时提示"后，单击"下载"按钮，下载成功的界面如图 1-36 所示。

7）运行和停止模式切换

要运行下载到 PLC 中的程序，只要单击程序编辑器工具栏中的"RUN"按钮，在弹

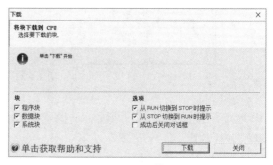

图 1-35　下载程序

出的对话框［见图 1-37（a）］中选择"是"即可。同理，要停止运行程序，只要单击程序编辑器工具栏中的"STOP"按钮，在弹出的对话框［见图 1-37（b）］中单击"是"按钮即可。

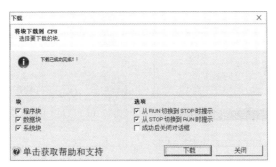

图 1 - 36　下载成功

（a）　　　　　　　　　　（b）

图 1 - 37　运行程序

8）程序状态监控

单击程序编辑器工具栏中的程序状态按钮即可开启监控，程序状态监控界面如图 1 - 38 所示。但中间会弹出如图 1 - 39 所示的比较对话框，单击"比较"按钮，当出现如图 1 - 40 所示的"已通过"字样时，单击"继续"按钮即可。

图 1 - 38　程序状态监控界面

图 1-39 比较对话框

图 1-40 比较通过

此时按下 I0.0 外接的按钮 SB1，会发现 Q0.0 外接的指示灯点亮，按下 I0.0 外接的按钮 SB2，指示灯熄灭，即能实现预期按下启动按钮点亮、按下停止按钮熄灭的功能。

五、任务检查

为保证任务能顺利、可靠地开展下去，必须对任务的实施过程和结果进行检查。检查内容的设置原则主要包括两点：对影响到任务能否正常实施和完成质量的因素，要设置为检查内容，包括安全、操作、结果（中间结果和最终结果）等；所设置的检查内容应尽可能量化表达，以便于客观评价任务的实施。

根据任务目标具体内容设置检查表（见表 1-7），在实施过程和终结时进行必要的检查并填报检查表。

表 1-7　自动生产线的认识任务检查表

项目	分值	评分要点	检查情况	得分
认识 S7-200 SMART PLC 硬件	10	对 S7-200 SMART PLC 硬件认识到位		
熟悉 STEP7-Micro/WIN SMART 编程软件	20	学会 STEP7-Micro/WIN SMART 编程软件基本操作		
掌握 S7-200 SMART PLC 基本编程	20	掌握 S7-200 SMART PLC 基本编程方法		
掌握 S7-200 SMART PLC 编程调试	20	掌握 S7-200 SMART PLC 编程调试步骤		
职业素养	30	分工合理，制订计划能力强，严谨认真；爱岗敬业，安全意识，责任意识，服从意识；团队合作，交流沟通，互相协作，分享能力；主动性强，保质保量完成工作页相关任务；能采取多样化手段收集信息、解决问题		
合计	100			

六、任务评价

严格按照任务检查表来完成本任务实训内容，教师对学生实训内容完成情况进行客观评价，评价表见表 1 – 8。

表 1 – 8　自动生产线的认识任务评价表

评价项目	评价内容	分值	教师评价
职业素养 30 分	分工合理，制订计划能力强，严谨认真	5	
	爱岗敬业，安全意识，责任意识，服从意识	5	
	团队合作，交流沟通，互相协作，分享能力	5	
	遵守行业规范，现场 6S 标准	5	
	主动性强，保质保量完成工作页相关任务	5	
	能采取多样化手段收集信息、解决问题	5	
专业能力 60 分	认识 S7 – 200 SMART PLC 硬件	15	
	熟悉 STEP7 – Micro/WIN SMART 编程软件	15	
	掌握 S7 – 200 SMART PLC 基本编程	15	
	掌握 S7 – 200 SMART PLC 编程调试	15	
创新意识 10 分	创新性思维和行动	10	
合计		100	

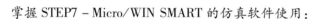

扩展提升

掌握 STEP7 – Micro/WIN SMART 的仿真软件使用：

（1）导出程序；

（2）导入文件；

（3）硬件设置；

（4）仿真运行；

（5）模拟调试程序；

（6）监视变量。

项目2　供料单元的安装与调试

项目目标

（1）了解供料单元的基本结构，理解供料单元的工作过程，掌握传感器技术和气动技术的工作原理及其在供料单元中的应用，掌握供料单元的PLC程序设计；

（2）能在规定时间内完成供料单元硬件的安装和调整，进行供料单元的PLC程序设计和调试，并能解决安装与运行过程中出现的常见问题；

（3）熟练掌握供料单元机械装配与调试，提升团队协作能力和集体主义意识；

（4）完成供料单元电路设计、编程、调试，养成严谨的工作作风，精益求精、一丝不苟的职业素养。

项目描述

供料单元是YL-335B自动化生产线系统的起始工作单元，担负着向系统中其他单元提供原料的作用，即按照需要将放置在供料站料仓中待加工的工件自动送到供料站物料台上，以便输送站的机械手装置将其抓取送往其他工作站进行加工、装配或分拣等操作。设备实现：按下启动按钮，通过顶料气缸和推料气缸的协调动作，完成供料至出料台。若出料台工件被取走，则能继续进行供料操作，直至按下停止按钮，系统停止。

本项目设置2个工作任务：

（1）供料单元的硬件安装与调试；

（2）供料单元的PLC编程与调试。

知识储备

（一）供料单元的基本结构

供料单元主要由机械部件、电气元件和气动元件构成。机械部件由四脚支架、供料台底板、气缸支承板、供料站底板、管形料仓和光电传感器支架等组成。电气元件包括3个光电传感器（也称为光电接近开关）、1个金属传感器（也称为电感接近开关）、4个磁性传感器（也称为磁性开关）。气动元件包括2个双作用直线气缸（推料气缸和顶料气缸）、4个气缸节流阀和2个电磁阀。供料单元的外形结构如图2-1所示。供料单元是按照需要，将放置于料仓中待加工的工件（原料）自动推到物料台上，以便使输送单元的机械手将其抓取，并输送到其他单元上。

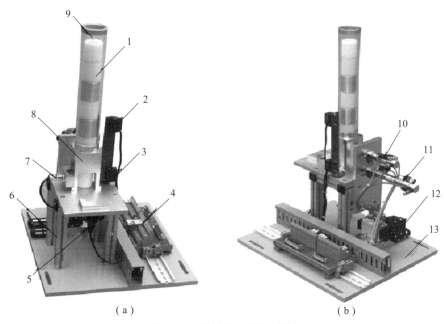

（a） （b）

图 2-1　供料单元的外形结构

1—杯形工件；2—物料不足检测传感器；3—缺料检测传感器；4—接线端口；5—出料检测传感器；
6—支承架；7—金属物料检测传感器；8—料仓底座；9—管形料仓；10—顶料气缸；
11—推料气缸；12—电磁阀组；13—底板

（二）供料单元的动作过程

　　工件垂直叠放在料仓中，推料气缸处于料仓的底层并且其活塞杆可从料仓的底部通过。当活塞杆在退回位置时，它与最下层工件处于同一水平位置，而夹紧气缸则与次下层工件处于同一水平位置。在需要将工件推出到物料台上时，首先将夹紧气缸的活塞杆推出，压住次下层工件；然后将推料气缸活塞杆推出，从而把最下层的工件推到物料台上。在推料气缸返回并从料仓底部抽出后，再使夹紧气缸返回，松开次下层工件。这样，料仓中的工件在重力的作用下就自动向下移动一个工件，为下一次推出工件做好准备。供料单元结构示意图如图 2-2 所示。

　　在底座和工件装料管第四层工件位置，分别安装了一个漫射式光电开关，它们的功能是检测料仓中有无储料或储

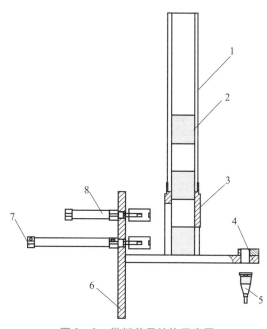

图 2-2　供料单元结构示意图

1—管形料仓；2—待加工工件；3—料仓底座；4—出料台；
5—出料检测传感器；6—气缸支板；7—推料气缸；8—顶料气缸

料是否足够。

若该部分机构内没有工件，则处于底层和第四层位置的两个漫射式光电开关均处于常态；若从底层起仅剩下三个工件，则底层处漫射式光电开关动作而第四层漫射式光电开关处于常态，表明工件已经快用完了。这样，料仓中有无储料或储料是否足够，即可用这两个漫射式光电开关的信号状态反映出来。

推料气缸把工件推出到物料台上。物料台面开有小孔，物料台下面设有一个圆柱形漫射式光电开关，工作时向上发出光线，从而透过小孔检测是否有工件存在，以便向系统提供本单元物料台有无工件的信号。在输送单元的控制程序中，可以利用该信号状态来判断是否需要驱动机械手装置来抓取此工件。

（三）传感器在供料单元中的应用

传感器就像人的眼睛、耳朵和鼻子等感官器件，是自动化生产线中的检测元件，能感受规定的被测量并按照一定的规律转换成电信号输出。在供料单元中主要用到了磁性开关、光电开关、电感式接近开关传感器，如表 2 - 1 所示。

表 2 - 1　供料单元中使用的传感器

传感器名称	传感器图片	图形符号	用途
磁性开关			用于检测气缸活塞的位置
光电开关			用于检测是否有工件（物料）
电感式接近开关			用于检测是否有金属工件

1. 磁性开关

磁性开关用于各类气缸的位置检测。在 YL - 335B 型自动化生产线中，用两个磁性开关来检测机械手上气缸伸出和缩回到位的位置。

磁力式接近开关（简称"磁性开关"）是一种非接触式位置检测开关，这种非接触式位置检测不会磨损和损伤检测对象，响应速度快。磁性开关用于检测磁性物质的存在，其安装方式上有导线引出型、接插件型、接插件中继型。根据安装场所环境的要求，接近开关可选择屏蔽式和非屏蔽式。

当有磁性物质接近如图 2 - 3 所示的磁性开关时，传感器动作，并输出开关信号。在实际应用中，在被测物体上，如在气缸的活塞（或活塞杆）上安装磁性物质，在气缸缸筒外面的两端位置各安装一个磁性开关，就可以用这两个传感器分别标识气缸运动的两个极限位置。

磁性开关的内部电路如图 2 - 4 中点画线框内所示，如采用共阴接法，则棕色线接 PLC 输入端，蓝色线接公共端。

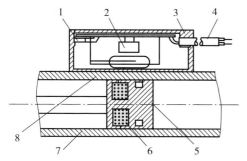

图 2 - 3　磁力式接近开关传感器的动作原理

1—动作指示灯；2—保护电路；3—开关外壳；4—导线；

5—活塞；6—磁环（永久磁铁）；7—缸筒；8—舌簧开关

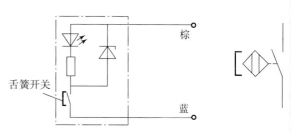

图 2 - 4　磁性开关的内部电路及图形符号

在自动化生产线的控制中，可以利用该信号判断气缸的运动状态或所处的位置，以确定工件是否被推出或气缸是否返回。

1）电气接线与检查

重点要考虑传感器的尺寸、位置、安装方式、布线工艺、电缆长度以及周围工作环境等因素对传感器工作的影响。按照图 2 - 4 所示将磁性开关与 PLC 的输入端口连接。

在磁性开关上设置有 LED，用于显示传感器的信号状态，供调试与运行监视时观察。当气缸活塞靠近时，接近开关输出动作，输出“1”信号，LED 亮；当没有气缸活塞靠近时，接近开输出不动作，输出“0”信号，LED 不亮。

2）磁性开关在气缸上的安装与调整

磁性开关与气缸配合使用，如果安装不合理，则可能使得气缸的动作不正确。当气缸活塞移向磁性开关，并接近到一定距离时，磁性开关才有“感知”，开关才会动作，通常把这个距离称为“检出距离”。

在气缸上安装磁性开关时，先把磁性开关装在气缸上，磁性开关的安装位置根据控制对象的要求调整，调整方法简单，只要让磁性开关到达指定位置后，用螺丝刀旋紧固定螺钉（或螺帽）即可。

2. 光电开关

1）光电式接近开关的类型

光电接近开关（简称“光电开关”）通常在环境条件比较好、无粉尘污染的场合下使用。光电开关工作时对被测对象几乎无任何影响，因此，在生产线上被广泛使用。在供料单元中，料仓中工件的检测利用的就是光电开关。

光电式接近开关是利用光电效应制成的开关量传感器，主要由投光器和受光器组成。投光器与受光器有一体式和分体式两种。投光器用于发射红外光或可见光，受光器用于接收投光器发射的光，并将光信号转换成电信号并以开关量的形式输出。按照受光器接收光的方式的不同，光电式接近开关可分为对射式、反射式和漫射式3种，如图2-5所示。

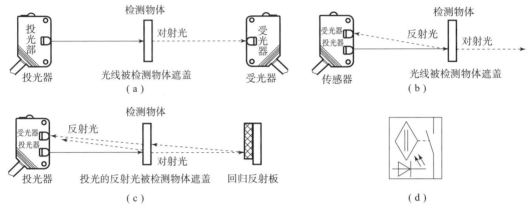

图2-5　光电式接近开关的类型及图形符号
（a）对射式；（b）反射式；（c）漫射式；（d）图形符号

（1）对射式光电接近开关的投光器和受光器分别处于相对的位置上工作，根据光路信号的有无判断信号是否进行输出改变，此开关常用于检测不透明物体。

（2）反射式光电接近开关的投光器和受光器为一体化结构，在其相对的位置上安置一个反射镜。投光器发出的光以反射镜是否有反射光被受光器接收来判断有无物体。

（3）漫反射式光电接近开关的投光器和受光器也为一体化结构，利用光照射到被测物体上反射回来的光线而工作。由于物体反射的光线为漫反射光，故称为漫射式光电接近开关。

2）供料单元中使用的漫射式光电接近开关

（1）用来检测工件不足或工件有无的无电接近开关选用欧姆龙公司的 E3Z-LS63 型光电接近开关。该光电接近开关是一种小型、可调节检测距离、放大器内置的漫射式光电接近开关，具有光束细小（光点直径约2 mm）、可检测同等距离的黑色和白色物体、检测距离可精确设定等特点。该光电接近开关的外观和顶端面上的调节旋钮及显示灯如图2-6所示。其各器件的功能说明如下。

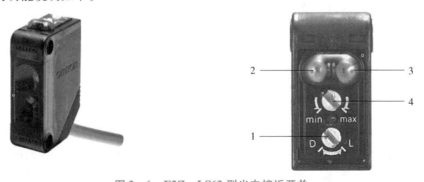

图2-6　E3Z-LS63 型光电接近开关
1—动作转换开关；2—稳定指示灯（绿色）；3—动作指示灯（橙色）；4—灵敏度旋钮

①E3Z－L. S63 型光电接近开关主要以三角测距为检测原理，具有 BCS（背景抑制模式）和 FGS（前景抑制模式）两种检测模式。BCS 模式可在检测物体远离背景时选择，FCS 模式则可在检测物体与背景接触或检测物体是光泽物体等情况下选择。两种检测模式的选择可通过改变接线来实现。E3Z－LS63 型光电接近开关电路原理图如图 2－7 所示，粉色引出线用于选择检测模式：若开路或连接到 0 V，则选择 BGS 模式；若连接到电源正极，则选择 FGS 模式。YL－335B 型自动化生产线上的所有 E3Z－LS63 型光电接近开关粉色引出线均开路，即选择 BGS 模式。

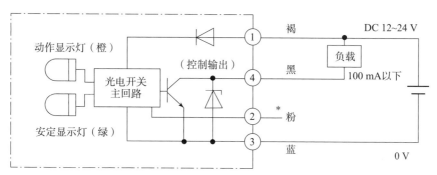

图 2－7　E3Z－LS63 型光电接近开关电路原理图

在 BGS 模式下，光电接近开关至设定距离间的物料可被检测，设定距离以外的物料不能被检测到，从而实现检测料仓内工件的目的。设定距离通过灵敏度旋钮设定，设定方法如下：在料仓中放进工件，将灵敏度旋钮沿逆时针方向旋到最小检测距离"min"（约 20 mm），然后按顺时针方向逐步旋转旋钮，直到橙色动作显示灯稳定点亮（L 模式）。

注意：灵敏度旋钮只能旋转 5 圈，超过就会空转，调整距离时须逐步轻微旋转。

②动作转换开关用来转换光电接近开关的动作输出模式：当受光元件接收到反射光时输出为"ON"（橙色灯亮），则称为 L（LIGHTON）模式或受光模式；另一种动作输出模式是在未能接收到反射光时输出为"ON"（橙色灯亮），称为 D（DARKON）模式或遮光模式。选择哪一种检测模式，取决于编程思路。

③状态指示灯中还有一个稳定显示灯（绿色 LED），用于对设置后的环境变化（温度、电压、灰尘等）裕度进行自我诊断，如果裕度足够，显示灯点亮；反之，若该显示灯熄灭，则说明现场环境不合适，应从环境方面排除故障，如温度过高、电压过低、光线不足等。

E3Z－LS63 型光电接近开关由于实现了可视光的小光点（光点直径约 2 mm），故可以用肉眼确认检测点的位置，检测距离调试方便，并且在设定距离以内被检测物的颜色（黑白）对动作灵敏度的影响不太大，因此该光电接近开关也用于 YL－335B 型自动化生产线的其他检测，如装配单元料仓的欠缺料检测、回转台上左右料盘芯件的有无检测和加工单元加工台物料的有无检测等。

（2）用来检测物料台上有无物料的光电接近开关是一个圆柱形漫射式光电接近开关。工作时，该开关向上发出光线，从而透过出料台小孔检测是否有工件存在，该光电接近开关选用 SICK 公司的 MHT15－N2317 型产品，其外观和接线如图 2－8 所示。

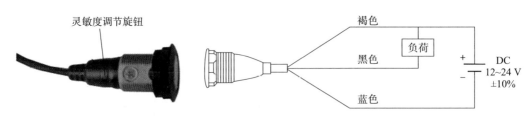

图 2 - 8　圆柱形漫射式光电接近开关

3. 电感式接近开关

当被测金属物体接近检测用的电感线圈时会产生涡流效应，引起振荡器振幅或频率的变化，由传感器的信号调理电路（包括检波、放大、整形和输出等电路）将该变化转换成开关量以输出，从而达到检测目的。

常见的电感式接近开关的外形有圆柱形、螺纹形、长方体形和 U 形等几种。在供料单元中，为了检测待加工工件是否为金属材料，在供料料仓底座左侧面安装了一个圆柱形电感式接近开关，其外形和工作原理如图 2 - 9 所示。

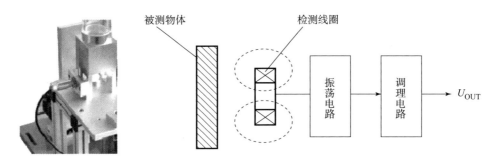

图 2 - 9　圆柱形电感式接近开关外形和工作原理

（四）气动元件在供料单元中的应用

供料站中用到的气动元件主要有双作用直线气缸、节流阀和电磁阀。

1. 双作用直线气缸

双作用直线气缸是指活塞的往复运动均由压缩空气来推动。气缸的两个端盖上都设有进、排气通口，如图 2 - 10 所示，当从气口 2 进气时，推动活塞做伸出运动；反之，从气口 1 进气时，推动活塞缩回运动。

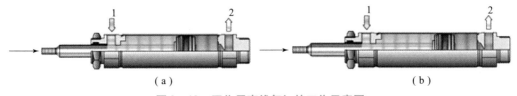

（a）　　　　　　　　　　　　　　　　　　　（b）

图 2 - 10　双作用直线气缸的工作示意图

（a）气缸伸出；（b）气缸缩回

1，2—气口

双作用直线气缸结构简单，输出力稳定，行程可根据需要选择，但由于是利用压缩空气交替作用于活塞上实现伸缩运动，缩回时压缩空气的有效作用面积较小，所以产生的力要小于伸出时产生的推力。

在供料站中需要两个双作用直线气缸，分别完成顶料和推料操作。

2. 单向节流阀

为了使气缸的动作平稳可靠，应对气缸的运动速度加以控制，常用的方法是使用单向节流阀实现。单向节流阀是由单向阀和节流阀并联而成的流量控制阀，也称为速度控制阀。单向阀的功能是靠单向密封圈实现的。图 2-11 给出了一种单向节流阀及其工作示意图，A 端连接气缸气口，B 端连接气管。若气缸在排气状态［见图 2-11（c）］，则空气从气缸气口 A 排出到单向节流阀，单向密封圈在封堵状态，单向阀关闭，此时只能通过调节手轮使节流阀杆上下移动，改变气流开度，从而达到节流的目的；反之，若气缸在进气状态［见图 2-11（d）］，则单向密封圈被气流冲开，单向阀开启，压缩空气直接从气缸气口 A 进入气缸，节流阀不起作用。因此，这种节流方式称为排气节流方式。

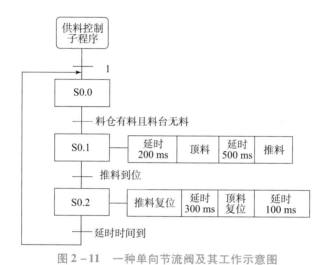

图 2-11　一种单向节流阀及其工作示意图

（a）图形符号；（b）排气状态；（c）进气状态

1—手轮；2—节流阀杆；3—单向密封圈；4—快速接头

图 2-12 给出了在双作用气缸装上两个排气型单向节流阀的连接示意图，当压缩空气从 A 端进气、B 端排气时，单向节流阀 A 的单向阀开启，向气缸无杆腔快速充气。由于单向节流阀 B 的单向阀关闭，故有杆腔的气体只能经节流阀

图 2-12　单向节流阀的连接示意图

排气，调节节流阀 B 的开度便可改变气缸伸出时的运动速度。反之，调节节流阀 A 的开度则可改变气缸缩回时的运动速度。这种控制方式下活塞运行稳定，是最常用的控制方式之一。

节流阀上带有气管的快速接头，只要将合适外径的气管插在快速接头上即可连接，操作十分方便。图 2-13 所示为安装了带快速接头的限出型节流阀的气缸外观。

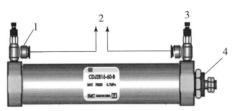

图 2-13　限出型节流阀的气缸外观

1—快速接头；2—连接气管；3—节流阀；4—活塞杆

3. 单向控制电磁阀

电磁换向阀是利用其电磁线圈通电时，静铁芯对动铁芯产生电磁吸力使阀芯切换，达到改变气流方向的目的。电磁换向阀按电磁线圈数量的不同，可分为单电控和双电控两种类型，如图 2-14 和图 2-15 所示。

图 2-14　单电控电磁换向阀

图 2-15　双电控电磁换向阀

单向控制电磁阀只有一个通电线圈，通过控制线圈的通电与否来改变气流的方向，从而控制双作用直线气缸的动作方向。

供料站用了两个二位五通的单向控制电磁阀，如图 2-16 所示。这两个电磁阀带有手动换向和加锁钮，有锁定（LOCK）和开启（PUSH）两个位置。用小螺钉旋具把加锁钮旋至

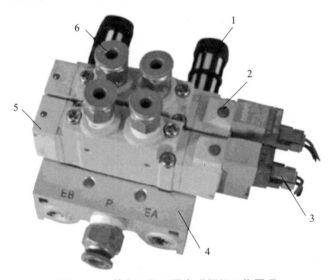

图 2-16　单向二位五通电磁阀组工作原理

1—消声器；2—手动换向加锁钮；3—电源插针；4—汇流板；5—电磁阀；6—气管接口

"LOCK"位置时，手控开关向下凹陷，不能进行手控操作。只有在"PUSH"位置时，才可用工具向下按，此时信号为"1"，等同于该侧的电磁信号为"1"；常态时，手控开关的信号为"0"。在进行设备调试时，可以使用手控开关对阀进行控制，从而实现对相应气路的控制，以改变对推料气缸等执行机构的控制，达到调试的目的。两个电磁阀集中安装在汇流板上，汇流板中两个排气口末端均连接了消声器，消声器的作用是减少压缩空气向大气排放时的噪声。这种将多个阀与消声器、汇流板等集中在一起构成的一组控制阀的集成称为阀组，阀组中每个阀的功能是彼此独立的。

（五）相关专业术语

（1）raw material：原料；

（2）feeding bin：供料料仓；

（3）material platform：物料平台；

（4）manipulator of the delivery unit：输送单元的机械手；

（5）workpiece feeding pipe：供料管；

（6）support frame：支承架；

（7）ejector cylinder：顶料气缸；

（8）pushing cylinder：推料气缸；

（9）photoelectric sensor：光电传感器；

（10）solenoid valve set：电磁阀组；

（11）base plate：底座；

（12）cable trough：走线槽；

（13）terminal board assembly：接线端口。

任务1　供料单元的硬件安装与调试

一、任务目标

根据项目的任务描述，本任务需要完成的工作如下：
（1）供料单元的机械安装与调试；
（2）供料单元的气路连接与调试；
（3）供料单元装置侧的电气接线与调试；
（4）供料单元的传感器安装与调试；
（5）提升团队协作能力和集体主义意识。

二、任务计划

根据任务需求，完成供料单元的硬件安装与调试，撰写实训报告，制订表2-2所示的任务工作计划。

表 2 - 2　供料单元的硬件安装与调试任务的工作计划

序号	项目	内容	时间/min	人员
1	供料单元的硬件安装与调试	供料单元的机械安装与调试	30	全体人员
		供料单元的气路连接与调试	30	全体人员
		供料单元装置侧的电气接线与调试	30	全体人员
		供料单元的传感器安装与调试	30	全体人员
2	撰写实训报告	简述供料单元的机械安装过程	10	全体人员
		简述供料单元的气路连接过程	10	全体人员
		简述供料单元的硬件调试过程	10	全体人员
		简述供料单元的传感器安装过程	10	全体人员

三、任务决策

按照工作计划表，按小组实施供料单元的硬件安装与调试，完成任务并提交实训报告。

四、任务实施

任务实施前指导教师必须强调做好安装前的准备工作，使学生养成良好的工作习惯，并进行规范的操作，这是培养学生良好工作素养的重要步骤。

（1）安装前，应对设备的零部件做初步检查以及必要的调整。

（2）工具和零部件应合理摆放，操作时将每次使用完的工具放回原处。

（一）机械的安装和调试

1. 机械部分的安装

把供料站各零件组装成组件，然后把组件进行总装。组件包括铝合金型材支承架、料仓底座及出料台和推料机构，如图 2 - 17 所示。

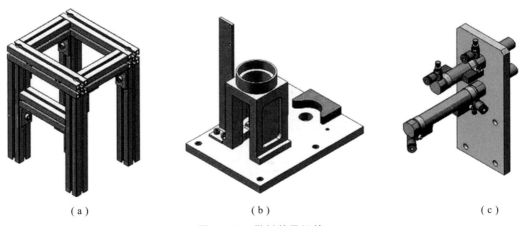

(a) (b) (c)

图 2 - 17　供料单元组件

(a) 铝合金型材支承架；(b) 料仓底座及出料台；(c) 出料机构

各组件装配好后，用螺栓把它们连接为总体，再用橡皮锤把管形料仓敲入料仓底座。机械部件装配完成后，装上欠缺料检测、金属检测和出料台物料检测等传感器，并将电磁阀组、接线端子排固定在底座上。接装时须注意它们的安装位置及安装方向等。最后在铝合金型材支承架上固定底座，完成供料站的安装。

安装过程中应注意下列几点：

（1）装配铝合金型材支承架时，注意调整好各条边的平行度及垂直度，锁紧螺栓。

（2）气缸安装板和铝合金型材支承架的连接，须在铝合金型材"T"形槽中特定位置预留与之相配的螺母，如果没有放置螺母或没有放置足够多的螺母，将无法安装或安装不可靠。

（3）机械机构固定在底座上时，需要将底座移动到操作台的边缘，螺栓从底座的反面拧入，将底座和机械机构部分的支承型材连接起来。

2. 机械部分的调试

适当调整紧固件和螺钉，保证能顺利顶料和准确推料到供料台，而且所有紧固件不能松动。

（二）气路连接和调试

1. 气路连接

供料站的气路安装原理如图 2-18 所示，气源从电磁阀组的汇流板进气，两个电磁阀分别控制顶料气缸与推料气缸的动作，即：顶料电磁阀的进气口连接至顶料气缸的端口 2、出气口气管连接至顶料气缸的端口 1。推料电磁阀进、出气管的连接与顶料电磁阀类似。连接时，应遵循以下的气路连接专业规范要求。

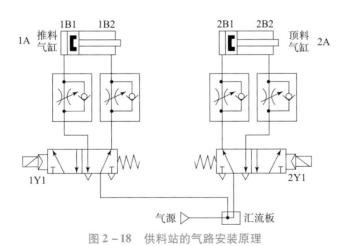

图 2-18　供料站的气路安装原理

（1）连接时注意气管走向，应按序排布，线槽内不走气管。气管要在快速接头中插紧，不能有漏气现象。

（2）气路连接完毕后，应用扎带绑扎，两个扎带之间的距离不超过 50 mm。电缆和气管应分开绑扎，但当它们都来自同一个移动模块时，允许绑扎在一起。

（3）避免气管缠绕、绑扎变形的现象。

2. 气路调试

（1）用电磁阀上的手控开关与加锁钮验证顶料气缸和推料气缸的初始位置及动作位置是否正确。

（2）调整气缸节流阀，以控制活塞杆的往复运动速度，伸出速度以不推倒工件为宜。

五、任务检查

为保证任务能顺利可靠地开展下去，必须对任务的实施过程和结果进行检查。检查内容的设置原则主要包括两点，对影响到任务能否正常实施和完成质量的因素，要设置为检查内容，包括安全、操作、结果（中间结果和最终结果）等，所设置的检查内容应尽可能量化表达，以便于客观评价任务的实施。

本次任务的主要内容是：供料单元的机械、气路、电气的安装和调试，根据任务目标的具体内容，设置表2-3所示的检查表，在实施过程和终结时进行必要的检查并填报检查表。

表2-3　供料单元的硬件安装与调试任务检查表

项目	分值	评分要点	检查情况	得分
供料单元的机械安装与调试	10	安装正确，动作顺畅，紧固件无松动		
供料单元的气路连接与调试	20	气路连接正确、美观，无漏气现象，运行平稳		
供料单元装置侧的电气接线与调试	20	接线正确，布线整齐、美观		
供料单元的传感器安装与调试	20	安装正确，位置合理		
职业素养	30	分工合理，制订计划能力强，严谨认真；爱岗敬业，安全意识，责任意识，服从意识；团队合作，交流沟通，互相协作，分享能力；主动性强，保质保量完成工作页相关任务；能采取多样化手段收集信息、解决问题		
合计	100			

六、任务评价

严格按照任务检查表来完成本任务实训内容，教师对学生实训内容完成情况进行客观评价，评价表见表2-4。

表2-4　供料单元的硬件安装与调试任务评价表

评价项目	评价内容	分值	教师评价
职业素养 30分	分工合理，制订计划能力强，严谨认真	5	
	爱岗敬业，安全意识，责任意识，服从意识	5	
	团队合作，交流沟通，互相协作，分享能力	5	

评价项目	评价内容	分值	教师评价
职业素养 30分	遵守行业规范、现场6S标准	5	
	主动性强，保质保量完成工作页相关任务	5	
	能采取多样化手段收集信息、解决问题	5	
专业能力 60分	供料单元的机械安装与调试	15	
	供料单元的气路连接与调试	15	
	供料单元装置侧的电气接线与调试	15	
	供料单元的传感器安装与调试	15	
创新意识 10分	创新性思维和行动	10	
合计		100	

 扩展提升

总结供料单元机械安装、电气安装、气路安装及其调试的过程和经验。

任务2　供料单元的PLC编程与调试

一、任务目标

（1）完成PLC的I/O分配及接线端子分配。

（2）完成系统安装接线，并校核接线的正确性。

（3）完成PLC的程序编制。

（4）完成系统的调试与运行。

（5）养成严谨的工作作风，精益求精、一丝不苟的职业素养。

根据项目的任务目标，本任务需要完成的工作如下：

供料单元是YL-335B自动线的起始工作站，担负着向其他工作单元源源不断地提供原料（或工件）的作用。其具体功能为：按照需要将放置于供料单元料仓中待加工的工件自动送到供料单元物料台上，以便输送单元的机械手装置将其抓取送往其他工作单元进行加工、装配或分拣等操作。供料单元既可以独立完成供料操作，也可以与其他工作单元联网协同操作。而要想联网操作，则必须保证供料单元能单独正确的运行，所以单独操作是前提条件。

供料单元的主令信号和工作状态显示信号来自PLC旁边的按钮/指示灯模块，并且按钮/指示灯模块上的工作方式选择开关SA应被置于"单站方式"位置。具体的控制要求如下。

（1）设备上电和气源接通后，若工作单元的两个气缸均处于缩回位置，且料仓内有足够的工件，料台无工件，则"正常工作"指示灯HL1（黄色灯）常亮，表示设备准备好。否则，该指示灯以1 Hz的频率闪烁。

（2）若设备准备好，则按下启动按钮 SB1，工作单元启动，"设备运行"指示灯 HL2（绿色灯）常亮。启动后，若出料台上没有工件，则应把工件推到出料台上。出料台上的工件被人工取走后，若没有停止信号，则进行下一次推出工件操作。

（3）若在运行中按下停止按钮 SB2，则在完成本工作周期任务后，供料单元停止工作，指示灯 HL2 熄灭，指示灯 HL3（红色灯）亮。

（4）若运行中料仓内工件不足，则工作单元继续工作，但"正常工作"指示灯 HL1 以 1 Hz 的频率闪烁，"设备运行"指示灯 HL2 保持常亮。若料仓内没有工件，则指示灯 HL1 和指示灯 HL2 均以 2 Hz 的频率闪烁。工作站在完成本周期任务后停止。除非向料仓补充足够的工件，否则工作站不再启动。

二、任务计划

根据任务需求，完成供料单元的 PLC 编程与调试，撰写实训报告，制订表 2-5 所示的任务工作计划。

表 2-5 供料单元的 PLC 编程与调试任务的工作计划

序号	项目	内容	时间/min	人员
1	供料单元的 PLC 编程与调试	完成 PLC 的 I/O 分配及接线端子分配	30	全体人员
		完成系统安装接线，并校核接线的正确性	30	全体人员
		完成 PLC 程序编制	30	全体人员
		完成系统调试与运行	30	全体人员
2	撰写实训报告	绘制 PLC 的 I/O 分配表	10	全体人员
		绘制系统安装接线图	10	全体人员
		编写 PLC 梯形图程序	10	全体人员
		描述系统调试过程	10	全体人员

三、任务决策

按照工作计划表，按小组实施供料单元的 PLC 编程与调试，完成任务并提交实训报告。

四、任务实施

（一）供料单元接线端口信号端子的分配

1. 装置侧接线端口信号端子的分配

装置侧电气接线包括各传感器、电磁阀、电源端子等引线到装置侧接线端口之间的接线。

供料单元装置侧接线端口上各电磁阀和传感器的引线安排见表 2-6。

表 2-6　供料单元装置侧的接线端口信号端子的分配

输入端口中间层			输出端口中间层		
端子号	设备符号	信号线	端子号	设备符号	信号线
2	1B1	顶料气缸伸出到位	2	1Y	顶料电磁阀
3	1B2	顶料气缸缩回到位	3	2Y	推料电磁阀
4	2B1	推料气缸伸出到位			
5	2B2	推料气缸缩回到位			
6	BG1	出料台物料检测			
7	BG2	物料不足检测			
8	BG3	物料有无检测			
9	BG4	金属材料检测			
10#~17#端子没有连接			4#~14#端子没有连接		

接线时应注意，装置侧的接线端口中，输入信号端（传感器端口）上层端子只能作为传感器的正电源端，切勿用于电磁阀等执行元件的负载。输出信号端（驱动端口）中间层接电磁阀线圈红色线，底层端子 0 V 接电磁阀线圈蓝色线。电气接线的工艺应符合以下专业规范的规定。

（1）导线连接时必须用合适的冷压端子，端子制作时切勿损伤导线绝缘部分。

（2）连接线须有符合规定的标号；每一端子连接的导线不超过两根；导线金属材料不外露，冷压端子金属部分不外露。

（3）电缆在线槽里最少有 10 cm 余量（若仅是一根短接线，则在同一线槽内不要求）。

（4）电缆绝缘部分应在线槽里。接线完毕后线槽应盖住，无翘起和未完全盖住的现象。

（5）接线完成后，应用扎带绑扎，力求整齐美观。

2. 装置侧的电气调试

核查各传感器信号端口、指示灯信号端口、电磁阀端口连接是否正确。

提示：本项目所述的机械装配、气路连接和电气配线等基本要求，适用以后各项目，将不再赘述。

3. PLC 侧的接线端口信号端子的分配

根据供料单元装置侧的 I/O 信号分配和工作任务的要求，选用 S7-200SMART 系列的 CPUSR40PLC，它有 24 点输入和 16 点输出。PLC 的 I/O 信号分配见表 2-7。

表 2-7　供料单元 PLC 的 I/O 信号分配

输入信号				输出信号			
序号	PLC 输入点	信号名称	信号来源	序号	PLC 输出点	信号名称	信号来源
1	I0.0	顶料气缸伸出到位（IB1）	装置侧	1	Q0.0	顶料电磁阀（1Y）	装置侧
2	I0.1	顶料气缸缩回到位（1B2）		2	Q0.1	推料电磁阀（2Y）	
3	I0.2	推料气缸伸出到位（2B1）		3			
4	I0.3	推料气缸缩回到位（2B2）		4			
5	I0.4	出料台物料检测（BG1）		5			
6	I0.5	物料不足检测（BG2）		6			
7	I0.6	物料有无检测（BG3）		7			
8	I0.7	金属材料检测（BC4）		8			
9	I1.2	启动按钮（SB1）	按钮/指示灯模块	9	Q0.7	正常工作（HL1）	按钮/指示灯模块
10	I1.3	启动按钮（SB1）		10	Q1.0	设备运行（HL2）	
11	I1.4	急停按钮（QS）		11	Q1.1	故障指示（HL3）	
12	I1.5	工作方式选择（SA）					

（二）绘制 PLC 控制电路图

按照所规划的 I/O 分配以及所选用的传感器类型绘制的供料单元 PLC 的 I/O 接线原理图如图 2-19 所示。

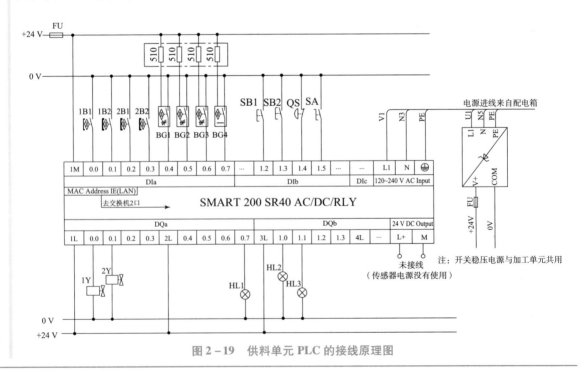

图 2-19　供料单元 PLC 的接线原理图

（1）SMART 系列 PLC 内置一个 DC 24 V 开关式稳压电源，也称作传感器电源，对外引出端子为"L +"和"M"，可以为外部输入元件（传感器）提供 DC 24 V 的工作电源。但 PLC 输入电路与传感器电源是相互独立的，输入回路供电电源可取自内置的传感电源，也可由外部稳压电源提供。

（2）输入电路与传感器电源的相互独立，使得供电电源的极性配置可以根据信号源的性质而改变。例如，YL - 35B 型自动化生产线所使用的所有传感器均为 NPN 型晶体管集电极开路输出，其输入回路的电源端子（"1M"端子）应接 DC 24 V 电源的正极，而各传感器公共端应连接到 DC 24 V 电源的负极；反之，若信号源来自 PNP 型晶体管集电极开路输出，即漏型输入，则用与上述相反的极性连接，因此与信号源的匹配相当灵活。

（3）实际上，PLC 的传感器电源输出端子并不是必须连接的，输入回路电源和传感器工作电源都可以由外部稳压电源提供。这样可以使整体电路的电源接线单一，避免由于多种电源存在引起的接线错误，对于初学者来说有一定好处，YL - 35B 型自动化生产线采用的就是这种供电方式。但在实际工程中，外部电源可能会带来输入干扰，因而用得较少。

（三）PLC 控制电路的电气接线

PLC 控制电路的电气接线包括供料单元装置侧和 PLC 侧两部分。进行 PLC 侧接线时，其工艺要求与前面已阐述的装置侧部分是相同的。

注意：从 PLC 的 I/O 端子到装置侧各 I/O 元件的接线，中间要通过一对核线端口互连，PLC 各端子到 PLC 侧端口的引线必须与装置侧的端口接线相对应。装置侧接线端口中，输入信号端子的上层端子（24 V）只能作为传感器的正电源端，切勿用于连接电磁阀等执行元件负载的连接。电磁阀等执行元件的正电源端和 0 V 端应连接到输出信号端子下层端子的相应端子上，装置侧接线完成后，应用扎带绑扎，力求整齐美观。电气接线的工艺应符合国家职业标准的规定，例如，导线连接到端子时，采用端子压接方法；连接线须有符合规定的标号；每一端子连接的导线不超过两根等。

（四）供料站的程序设计

程序设计的首要任务是理解供料站的工艺要求和控制过程，在充分理解的基础上，绘制程序流程图，然后根据流程图来编写程序，而不是单靠经验来编程，只有这样才能取得事半功倍的效果。

1. 顺序功能图

由供料站的工艺流程（见任务描述部分）可以绘制供料站的主程序和供料控制子程序的顺序功能图，如图 2 - 20 和图 2 - 21 所示。

整个程序的结构包括主程序、供料控制子程序和信号显示子程序。主程序是一个周期循环扫描的程序，通电后先进行初态检查，即检查顶料气缸、推料气缸是否处于复位状态，料仓内的工件是否充足。这 3 个条件中的任一条件不满足，初态均不能通过，也就是

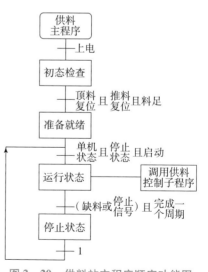

图 2 - 20　供料站主程序顺序功能图

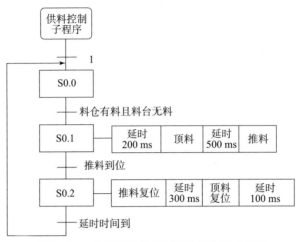

图 2-21　供料站供料控制子程序顺序功能图

说不能启动供料站使之运行。如果初态检查通过，则说明设备准备就绪，允许启动。启动后，系统就处于运行状态，此时主程序每个扫描周期调用供料控制子程序和显示子程序。

供料控制子程序是一个步进程序，可以采用置位和复位方法来编程，也可以用西门子特有的顺序继电器指令（SCR 指令）来编程。如果料仓有料且料台无料，则依次执行顶料、推料操作，然后再执行推料复位、顶料复位操作，延时 100 ms 后返回子程序入口处开始进行下一个周期的工作。

信号显示子程序相对比较简单，可以根据项目的任务描述用经验设计法来编写程序。

2. 梯形图程序

1）主程序（见图 2-22）

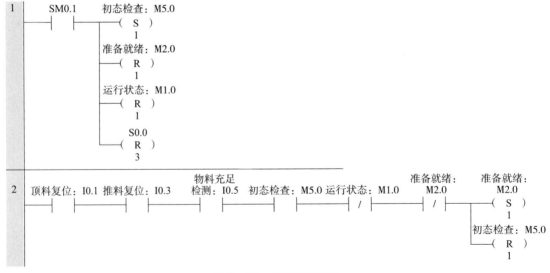

图 2-22　主程序梯形图

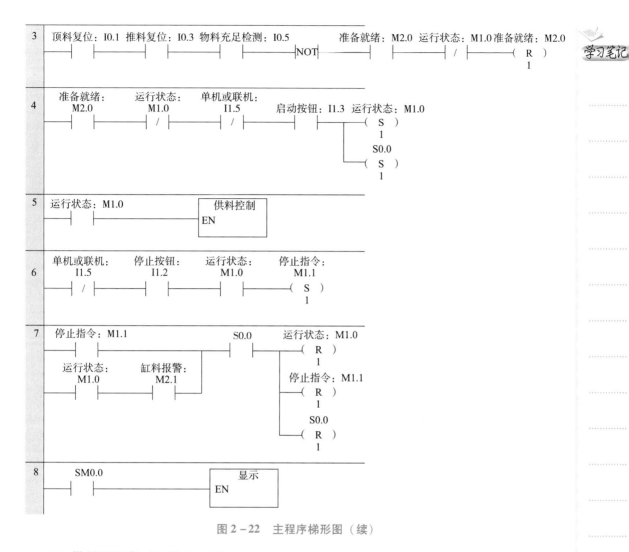

图 2-22 主程序梯形图（续）

2）供料子程序（见图 2-23）

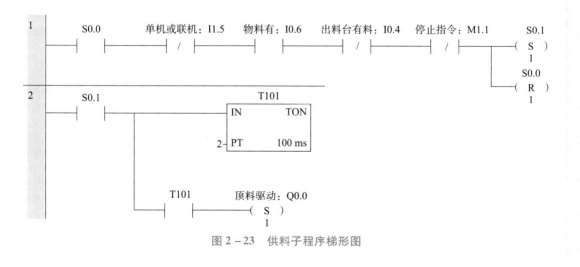

图 2-23 供料子程序梯形图

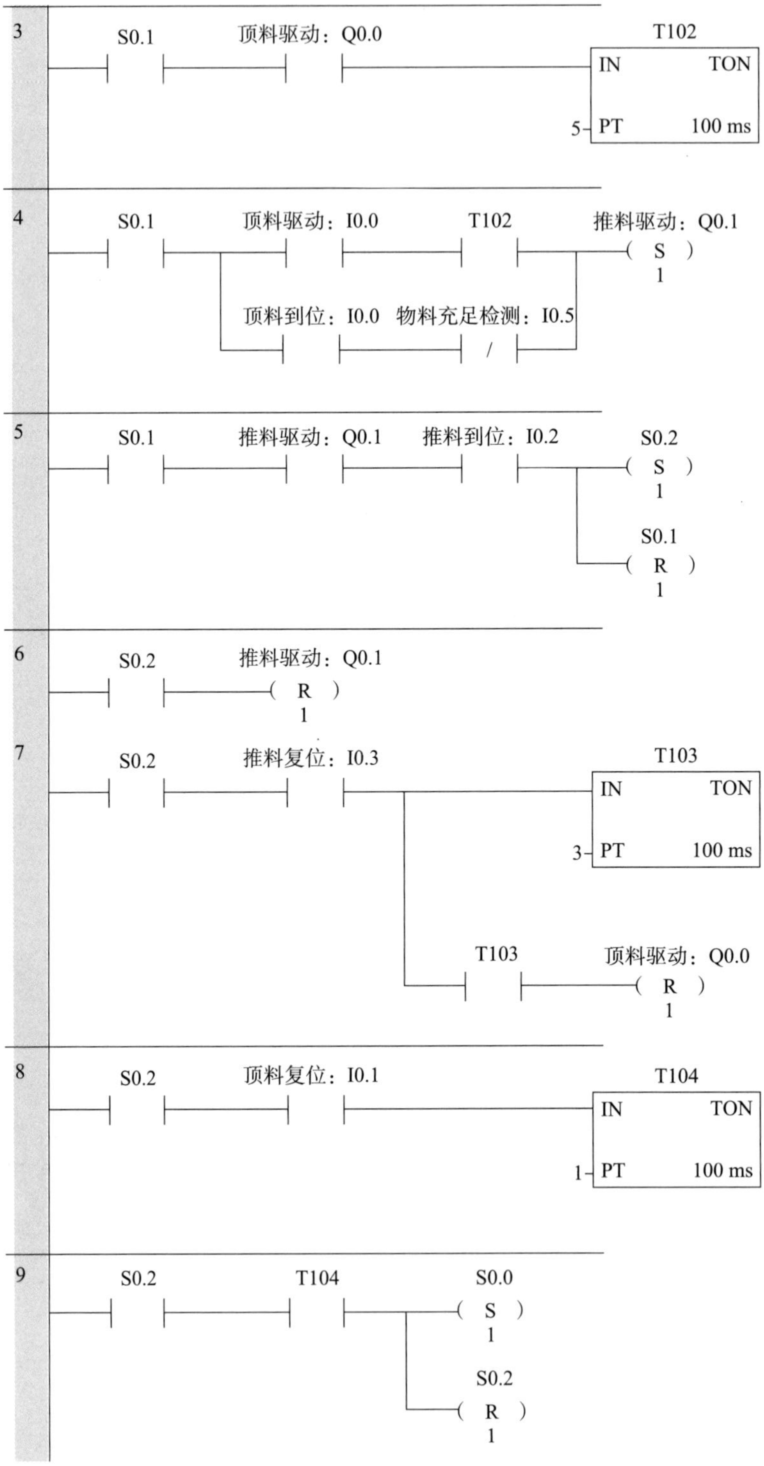

3 | S0.1 — 顶料驱动:Q0.0 — [T102 IN TON / 5-PT 100 ms]

4 | S0.1 — 顶料驱动:I0.0 — T102 — 推料驱动:Q0.1 (S) 1
　　　　顶料到位:I0.0 — 物料充足检测:I0.5 (/)

5 | S0.1 — 推料驱动:Q0.1 — 推料到位:I0.2 — S0.2 (S) 1 ／ S0.1 (R) 1

6 | S0.2 — 推料驱动:Q0.1 (R) 1

7 | S0.2 — 推料复位:I0.3 — [T103 IN TON / 3-PT 100 ms]
　　　　T103 — 顶料驱动:Q0.0 (R) 1

8 | S0.2 — 顶料复位:I0.1 — [T104 IN TON / 1-PT 100 ms]

9 | S0.2 — T104 — S0.0 (S) 1 ／ S0.2 (R) 1

图 2-23　供料子程序梯形图（续）

3）显示子程序（见图 2-24）

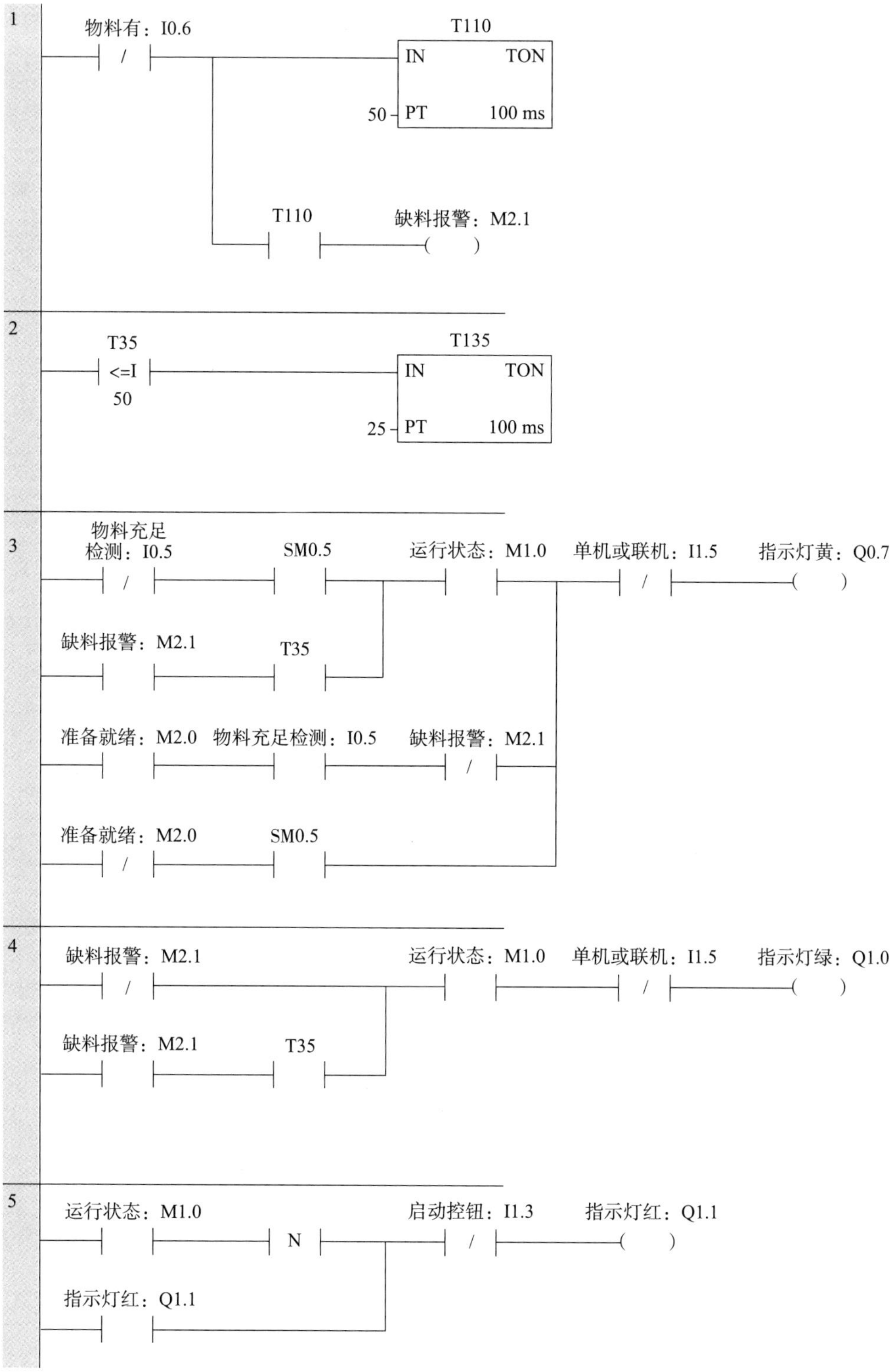

图 2-24 显示子程序梯形图

3. 供料单元的 PLC 程序调试

在供料站的硬件调试完毕，I/O 端口确保正常连接，程序设计完成后，就可以进行软件下载和调试了。调试步骤如下：

（1）用网线将 PLC 与 PC 相连，打开 PLC 编程软件，设置通信端口 IP 地址，建立上位机与 PLC 的通信连接。

（2）PLC 程序编译无误后将其下载至 PLC，并使 PLC 处于 RUN 状态。

（3）将程序调至监视状态，观察 PLC 程序的能流状态，以此来判断程序的正确与否，并有针对性地进行程序修改，直至供料单元能按工艺要求运行。程序每次修改后需对其进行重新编译并将其下载至 PLC。

五、任务检查

为保证任务能顺利可靠地开展下去，必须对任务的实施过程和结果进行检查。检查内容的设置原则主要包括两点，对影响到任务能否正常实施和完成质量的因素，要设置为检查内容，包括安全、操作、结果（中间结果和最终结果）等，所设置的检查内容应尽可能量化表达，以便于客观评价任务的实施。

本次任务主要内容是：供料单元的 I/O 分配、安装接线、PLC 编程与调试，根据任务目标的具体内容，设置表 2-8 检查表，在实施过程和终结时进行必要的检查并填报检查表。

表 2-8 供料单元的 PLC 编程与调试任务检查表

项目	分值	评分要点	检查情况	得分
完成 PLC 的 I/O 分配及接线端子分配	10	I/O 分配及接线端子分配合理		
完成系统安装接线，并校核接线的正确性	10	端子连接、插针压接牢固；每个接线柱不超过两根导线；端子连接处有线号；电路接线绑扎		
完成 PLC 程序编制	10	根据工艺要求编写程序		
完成系统调试与运行	40	根据工艺要求调试程序，运行正确		
职业素养	30	分工合理，制订计划能力强，严谨认真；爱岗敬业，安全意识，责任意识，服从意识；团队合作，交流沟通，互相协作，分享能力；主动性强，保质保量完成工作页相关任务；能采取多样化手段收集信息、解决问题		
合计	100			

六、任务评价

严格按照任务检查表来完成本任务实训内容，教师对学生实训内容完成情况进行客观评价，评价表见表 2-9。

表 2 - 9　供料单元的 PLC 编程与调试任务评价表

评价项目	评价内容	分值	教师评价
职业素养 30 分	分工合理，制订计划能力强，严谨认真	5	
	爱岗敬业，安全意识，责任意识，服从意识	5	
	团队合作，交流沟通，互相协作，分享能力	5	
	遵守行业规范，现场 6S 标准	5	
	主动性强，保质保量完成工作页相关任务	5	
	能采取多样化手段收集信息、解决问题	5	
专业能力 60 分	PLC 的 I/O 分配及接线端子分配	15	
	系统安装接线，并校核接线的正确性	15	
	PLC 程序编制	15	
	系统调试与运行	15	
创新意识 10 分	创新性思维和行动	10	
合计		100	

扩展提升

　　若启动后出料台上无工件，则当收到请求供料信号（可用 SB2 模拟）时，才把工件推到出料台上。控制程序该如何编写？

项目3 加工单元的安装与调试

项目目标

(1) 了解加工单元的基本结构，理解加工单元的工作过程，掌握传感器技术、气动技术的工作原理及其在加工单元中的应用。

(2) 能够熟练安装、调试加工单元的机械、气路和电路，保证硬件部分正常工作；能够根据加工单元的工艺要求编写及调试 PLC 程序。

(3) 熟练掌握加工单元机械装配与调试，养成相互帮助、助人为乐的习惯；完成加工单元电路设计、编程、调试，养成分工合作、严谨细致、吃苦耐劳精神的职业素养。

项目描述

加工单元主要完成加工台工件的冲压加工。把待加工工件从加工台移送到加工冲压区域（冲压气缸的正下方），完成对工件的冲压加工，然后把加工好的工件重新送回加工台。本项目主要考虑完成加工单元机械部件的安装、气路连接和调整、装置侧与 PLC 侧电气接线、PLC 程序的编写。最终通过机电联调实现设备总工作目标：按下启动按钮，通过气动手指、伸缩气缸，以及冲压气缸的协调动作，实现加工料台工件的冲压加工。

本项目设置了两个工作任务：

(1) 加工单元硬件的安装与调试；

(2) 加工单元 PLC 程序的编写与调试。

知识储备

(一) 加工单元的基本结构

加工单元主要由机械部件、电气元件和气动元件构成。机械部件包括加工台及滑动机构、加工（冲压）机构、底板等；电气元件包括 1 个光电传感器、5 个磁性传感器（也称为磁性开关）、2 个接线端子排和 1 个指示灯/按钮模块；气动部件包括 1 个单作用直线气缸、1 个手爪气缸、1 个冲压气缸、4 个气缸节流阀和 3 个电磁阀。加工单元的外形结构如图 3-1 所示。

1. 滑动加工台组件

1) 结构

滑动加工台组件如图 3-2 所示。它由两部分构成：一是由气动手指、工件夹紧器、E3Z-LS63 型漫射式光电接近开关和加工台支座组成的加工台，用以承载被加工工件；二是

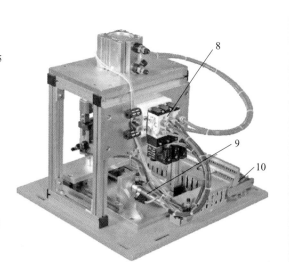

图 3-1　加工单元的外形结构

1—直线导轨；2—工件夹紧器；3—漫射式光电接近开关；4—冲压气缸；5—冲压气缸支承架；

6—气动手指；7—加工台支座；8—电磁阀组；9—伸缩气缸；10—接线端口

由连接到加工台支座的伸缩气缸、直线导轨及其滑块、磁性开关组成的加工台驱动机构，用以驱动加工台沿直线导轨在进料位置和加工位置之间移动。进料位置就是伸缩气缸伸出时加工台的位置，在这个位置可把待加工工件放到加工台上；伸缩气缸缩回时，加工台位于加工冲压头正下方，以便图 3-2 所示的滑动加工台组件进行冲压加工，故此位置称为加工位置。进料位置和加工位置可通过伸缩气缸上的两个磁性开关来检测确认。

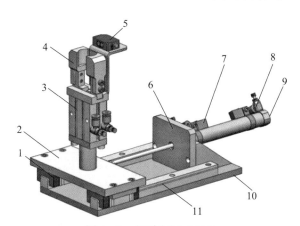

图 3-2　滑动加工台组件

1—直线导轨滑块；2—加工台支座；3—气动手指；4—工件夹紧器；5—漫射式光电接近开关；

6—伸缩气缸支座；7—磁性开关2；8—磁性开关1；9—伸缩气缸；10—直线导轨底板；11—直线导轨

2）工作原理

滑动加工台的初始位置为进料位置，气动手指为松开状态。当输送单元把工件送到加工台，并被漫射式光电接近开关检测到以后，滑动加工台组件在 PLC 程序的控制下执行以下工序：气动手指夹紧工件→伸缩气缸缩回，驱动加工台移动到加工位置→加工机构进行冲压加工→冲压加工完成后，伸缩气缸伸出，驱动加工台返回进料位置→到位后气动手指松开，并向系统发出加工完成信号。

2. 加工（冲压）机构

1）结构

加工机构如图 3-3 所示，其主要用于对工件进行冲压加工，故有时也被称为冲压机构。加工机构主要由冲压气缸、冲压头和安装板等组成。

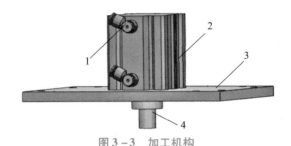

图 3-3　加工机构

1—节流阀及快速接头；2—冲压气缸；3—安装板；4—冲压头

2）工作原理

加工（冲压）机构的工作原理是：当工件到达加工位置（即伸缩气缸活塞杆缩回到位）时，冲压气缸伸出，对工件进行冲压加工，完成加工动作后冲压气缸缩回，为下一次冲压加工做准备。

3. 直线导轨简介

直线导轨是一种滚动导引组件，它通过钢珠在滑块与导轨之间做无限滚动循环，使得负载平台能沿着导轨做高精度直线运动，其摩擦系数可降至传统滑动导引组件的 1/50，从而达到较高的定位精度。在直线传动领域中，直线导轨副一直是关键性的部件，目前已成为各种机床、数控加工中心、精密电子机械中不可缺少的重要功能部件。

直线导轨副通常按照滚珠在导轨和滑块之间的接触牙型进行分类，主要有两列式和四列式两种。YL-335B 型自动化生产线上均选用普通级精度的两列式直线导轨副，其接触角在运动中能保持不变，刚性也比较稳定。图 3-4（a）所示为导轨副的截面示意图，图 3-4（b）所示为装配好的直线导轨副。

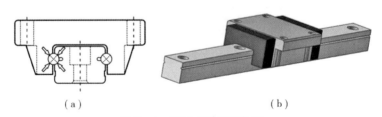

（a）　　　　　　　　　　　　　　　　（b）

图 3-4　两列式直线导轨副

（a）直线导轨副截面图；（b）装配好的直线导轨副

安装直线导轨副时应注意：

（1）要轻拿轻放，避免磕碰，以免影响导轨副的直线精度。

（2）不要将滑块拆离导轨或超过行程后又推回去。

加工台滑动机构由两个直线导轨副和导轨构成，安装滑动机构时要注意调整两直线导轨的平行度。

（二）传感器在加工单元中的应用

加工单元常使用光电传感器和磁性传感器两种不同类型的传感器。光电传感器和磁性传感器的作用、原理参见项目2的相关内容。

1. 光电传感器在加工单元中的具体应用

安装于加工单元加工台正前方的光电传感器主要用于检测加工台是否有工件。

2. 磁性传感器在加工单元中的具体应用

在加工单元中，磁性传感器安装在加工台气动手指气缸的侧面、伸缩气缸的两端和冲压气缸的侧面两端，如图3-5所示。其主要作用为：检测气动手爪是否松开/夹紧；检测加工台的伸缩状态；检测冲压的上、下限位置。

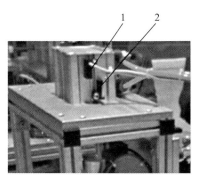

图3-5 磁性传感器在加工单元中的作用

1—检测冲压上限；2—检测冲压下限；3—检测加工台伸出到位；

4—检测加工台缩回到位；5—检测气动手爪松开/夹紧

（三）气动元件在加工单元中的应用

加工单元中用到的气动元件主要有双作用直线气缸、薄型气缸、气动手爪（带手指）、节流阀和电磁阀，其中双作用直线气缸、节流阀和电磁阀的原理及作用参见项目2的相关内容。

1. 薄型气缸

薄型气缸属于省空间气缸类，即气缸的轴向或径向尺寸比标准气缸有较大减小的气缸，具有结构紧凑、重量轻和占用空间小等优点。图3-6所示为薄型气缸的外形及剖视图。薄型气缸的特点是：缸筒与无杆侧端盖压铸成一体，杆盖用弹性挡圈固定，缸体为方形。这种气缸通常用于固定夹具及在搬运中固定工件等。在YL-335B自动化生产线的加工单元中，薄型气缸用于冲压，这主要是考虑该气缸行程短的特点。

2. 气动手爪（带手指）

气动手爪用于抓取、夹紧工件。气动手爪通常有滑动导轨型、支点开闭型和回转驱动型等工作方式。YL-335B自动化生产线的加工单元所使用的是滑动导轨型气动手爪，如图3-7（a）所示，其工作原理可如图3-7（b）和图3-7（c）所示。

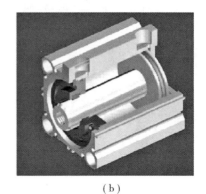

（a）   （b）

图 3 - 6　薄型气缸外形及剖视图

（a）外形；（b）剖视图

回转驱动型3爪　　　　支点开闭型2爪

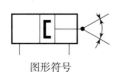

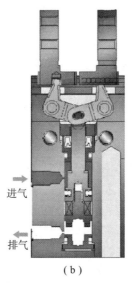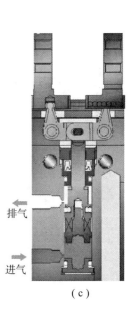

图形符号

滑动导轨型2爪

（a）　　　　　　　　　　　（b）　　　　　　　　（c）

图 3 - 7　气动手爪实物及工作原理图

（a）实物及图形符号；（b）气动手爪夹紧状态；（c）气动手爪松开状态

进气　排气　排气　进气

3. 单向控制电磁阀

加工单元采用 3 个二位五通单向控制电磁阀组，其结构及工作原理与供料单元采用的电磁阀相同。

（四）相关专业术语

（1）telescopic cylinder：伸缩气缸；

（2）stamping cylinder：冲压气缸；

（3）stamping head：冲压头；

（4）stamping cylinder mounting plate：冲压气缸安装板；

（5）stamping mechanism support frame：冲压装置支承架；

（6）machining platform bearing：加工台支座；

（7）workpiece clamp：工件夹紧器；

（8）pneumatic fingers：气动手指；

（9）linear guide rail：直线导轨；

（10）linear guide slider：直线导轨滑块。

任务1　加工单元的硬件安装与调试

一、任务目标

将加工单元的机械部分拆开成组件和零件的形式，然后再组装成原样。

根据项目的任务描述，本任务需要完成的工作如下：

（1）加工单元的机械安装与调试；

（2）加工单元的气路连接与调试；

（3）加工单元的传感器安装与调试；

（4）养成相互帮助、助人为乐的习惯。

二、任务计划

根据任务需求，完成加工单元的硬件安装与调试，撰写实训报告，制订表3－1所示任务工作计划。

表3－1　加工单元的硬件安装与调试任务的工作计划

序号	项目	内容	时间/min	人员
1	加工单元的硬件安装与调试	加工单元的机械安装与调试	40	全体人员
		加工单元的气路连接与调试	40	全体人员
		加工单元的传感器安装与调试	40	全体人员
2	撰写实训报告	简述加工单元的机械安装过程	10	全体人员
		简述加工单元的气路连接过程	10	全体人员
		简述加工单元的硬件调试过程	10	全体人员
		简述加工单元的传感器安装过程	10	全体人员

三、任务决策

按照工作计划表，按小组实施加工单元的硬件安装与调试，完成任务并提交实训报告。

四、任务实施

任务实施前指导教师必须强调做好安装前的准备工作，使学生养成良好的工作习惯，并进行规范的操作，这是培养学生良好工作素养的重要步骤。

（1）安装前，应对设备的零部件做初步检查以及必要的调整。

（2）工具和零部件应合理摆放，操作时将每次使用完的工具放回原处。

（一）机械的安装和调试

1. 机械部分的安装

加工单元的装配过程包括两部分：一是加工机构组件的装配；二是滑动加工台组件的装配。

图 3-8 所示为加工（冲压）机构组件的装配过程，图 3-9 所示为滑动加工台的装配过程。

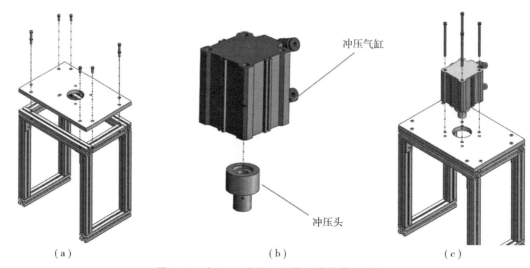

（a） （b） （c）

图 3-8 加工（冲压）机构组件的装配过程

（a）装配支承架；（b）冲压气缸及压头装配大样；（c）组装加工机构

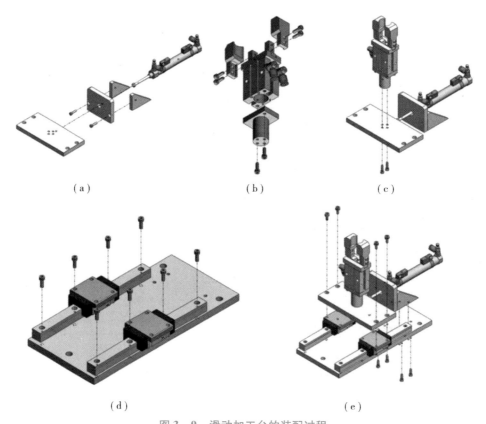

（a） （b） （c）

（d） （e）

图 3-9 滑动加工台的装配过程

（a）组装伸缩台；（b）夹紧机构装配大样；（c）将夹紧机构安装到伸缩台；

（d）组装直线导轨；（e）组装滑动加工台

在完成以上各组件的装配后，首先将滑动加工台固定到底板上，再将加工（冲压）机构支承架安装在底板上，最后将加工（冲压）机构固定在支承架上，至此，加工单元的机械装配就完成了，如图3-10所示。

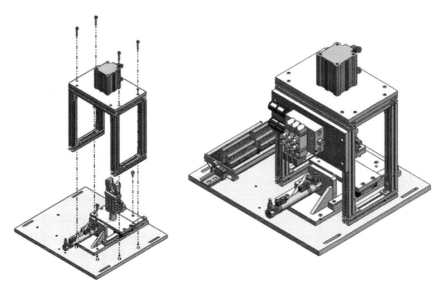

图3-10　加工单元的机械装配过程

安装时的注意事项：

（1）调整两直线导轨的平行度时，首先将加工台支座固定在两直线导轨滑块上，然后一边沿着导轨来回移动加工台支座，一边拧紧固定导轨的螺栓。

（2）如果加工（冲压）机构组件的冲压头和加工台上工件的中心没有对正，则可以通过调整伸缩气缸活塞杆端部旋入加工台支座连接螺孔的深度进行校正。

2. 机械调试

适当调整紧固件和螺钉，保证加工台能顺利伸出和缩回，冲压气缸能顺利冲压和缩回，气动手爪能顺利夹紧和松开，而且所有紧固件不能松动。

（二）气路的连接和调试

1. 气路连接

加工单元的气动控制元件均采用二位五通单电控电磁换向阀，各电磁换向阀均带有手控开关和加锁钮，它们集中安装成电磁阀组固定在冲压气缸支承架后面。

气动控制回路的工作原理如图3-11所示。3B1和3B2为安装在冲压气缸两个极限工作位置的磁感应式接近开关，2B1和2B2为安装在连接至加工台支座的伸缩气缸的两个极限工作位置的磁感应式接近开关，1B为安装在工件夹紧气缸（即气动手指）工作位置的磁感应式接近开关。3Y、2Y和1Y分别为控制冲压气缸、伸缩气缸和工件夹紧气缸电磁阀的电磁控制端。

2. 气路调试

（1）接通气源后，观察加工台气缸是否处于缩回状态，加工台气动手爪是否处于松开状态，冲压气缸是否处于上限位置，若没有，则关掉气源后调整气管的连接方式。

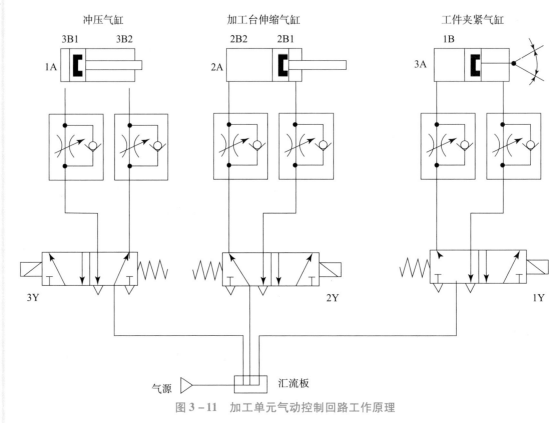

图 3-11 加工单元气动控制回路工作原理

（2）接通气源后，分别手动按下加工台伸缩气缸、手爪气缸和冲压气缸电磁阀换向按钮，观察加工台伸缩气缸、手爪气缸和冲压气缸动作是否平顺，若不平顺，则调整相应气缸两端（侧）的节流阀。

（3）接通气源后，观察所有气管接口处是否有漏气现象，如果有，则关掉气源，调整气头和气管。

五、任务检查

为保证任务能顺利可靠地开展下去，必须对任务的实施过程和结果进行检查。检查内容的设置原则主要包括两点，对影响到任务能否正常实施和完成质量的因素，要设置为检查内容，包括安全、操作、结果（中间结果和最终结果）等，所设置的检查内容应尽可能量化表达，以便于客观评价任务的实施。

本次任务的主要内容是：加工单元的机械、气路安装、调试，根据任务目标的具体内容，设置表 3-2 所示检查表，在实施过程和终结时进行必要的检查并填报检查表。

表 3-2　加工单元的硬件安装与调试任务检查表

项目	分值	评分要点	检查情况	得分
加工单元的机械安装与调试	30	安装正确，动作顺畅，紧固件无松动		

项目	分值	评分要点	检查情况	得分
加工单元的气路连接与调试	20	气路连接正确、美观，无漏气现象，运行平稳		
加工单元的传感器安装与调试	20	安装正确，位置合理		
职业素养	30	分工合理，制订计划能力强，严谨认真；爱岗敬业，安全意识，责任意识，服从意识；团队合作，交流沟通，互相协作，分享能力；主动性强，保质保量完成工作页相关任务；能采取多样化手段收集信息、解决问题		
合计	100			

六、任务评价

严格按照任务检查表来完成本任务实训内容，教师对学生实训内容完成情况进行客观评价，评价表见表 3-3。

表 3-3　加工单元的硬件安装与调试任务评价表

评价项目	评价内容	分值	教师评价
职业素养 30 分	分工合理，制订计划能力强，严谨认真	5	
	爱岗敬业，安全意识，责任意识，服从意识	5	
	团队合作，交流沟通，互相协作，分享能力	5	
	遵守行业规范，现场 6S 标准	5	
	主动性强，保质保量完成工作页相关任务	5	
	能采取多样化手段收集信息、解决问题	5	
专业能力 60 分	加工单元的机械安装与调试	20	
	加工单元的气路连接与调试	20	
	加工单元的传感器安装与调试	20	
创新意识 10 分	创新性思维和行动	10	
合计		100	

扩展提升

总结供加工单元机械安装、电气安装、气路安装及其调试的过程和经验。

任务 2　加工单元的 PLC 编程与调试

一、任务目标

（1）完成 PLC 的 I/O 分配及接线端子分配。

（2）完成系统安装接线，并校核接线的正确性。

（3）完成 PLC 程序编制。

（4）完成系统调试与运行。

（5）养成分工合作、严谨细致、吃苦耐劳精神的职业素养。

根据项目的任务目标，本任务需要完成的工作如下：

加工单元是把待加工工件从加工台移送到加工冲压区域（冲压气缸的正下方），完成对工件的冲压加工，然后把加工好的工件重新送回加工台。加工单元既可以独立完成加工操作，也可以与其他工作站联网协同操作。本任务只考虑加工单元作为独立设备运行时的情况，加工单元的按钮/指示灯模块上的工作方式选择开关应置于"单站方式"位置（左）。具体的控制要求如下：

（1）设备上电且气源接通后，若伸缩气缸处于伸出位置，加工台气动手指为松开状态，冲压气缸处于缩回位置，"急停"按钮没有被按下，加工台上无工件，则表示设备准备好，"正常工作"指示灯 HL1 常亮；否则，该指示灯以 1 Hz 的频率闪烁。

（2）若设备准备好，则按下启动按钮 SB1，加工单元启动，"设备运行"指示灯 HL2 常亮。当待加工工件被送到加工台上并被检测到后，设备执行加工工序，即气动手指将工件夹紧，送往加工位置进行冲压，冲压完成后，加工台返回进料位置。已加工工件被取出后，如果没有停止信号输入，则当再有待加工工件被送到加工台上时，加工单元又开始下一周期工作。

（3）在工作过程中，若按下停止按钮 SB2，则加工单元将在完成本周期的动作后停止工作，指示灯 HL2 熄灭。

（4）在工作过程中，当按下"急停"按钮时，本单元所有机构停止工作，指示灯 HL2 以 1 Hz 的频率闪烁。解除急停后，加工单元从急停前的断点开始继续运行，HL2 恢复常亮。

二、任务计划

根据任务需求，完成加工单元的 PLC 编程与调试，撰写实训报告，制订表 3 - 4 所示任务工作计划。

表 3 - 4　加工单元的 PLC 编程与调试任务的工作计划

序号	项目	内容	时间/min	人员
1	加工单元的 PLC 编程与调试	完成 PLC 的 I/O 分配及接线端子分配	30	全体人员
		完成系统安装接线，并校核接线的正确性	30	全体人员
		完成 PLC 程序编制	30	全体人员
		完成系统调试与运行	30	全体人员

序号	项目	内容	时间/min	人员
2	撰写实训报告	绘制 PLC 的 I/O 分配表	10	全体人员
		绘制系统安装接线图	10	全体人员
		编写 PLC 梯形图程序	10	全体人员
		描述系统调试过程	10	全体人员

三、任务决策

按照工作计划表，按小组实施加工单元的 PLC 编程与调试，完成任务并提交实训报告。

四、任务实施

（一）加工单元接线端口信号端子的分配

1. 装置侧的接线端口信号端子的分配

装置侧电气接线包括各传感器、电磁阀、电源端子等引线到装置侧接线端口之间的接线。

加工单元装置侧的接线端口信号端子的分配见表 3 - 5。

表 3 - 5　加工单元装置侧的接线端口信号端子的分配

输入端口中间层			输出端口中间层		
端子号	设备符号	信号线	端子号	设备符号	信号线
2	BG1	加工台物料检测	2	1Y	夹紧电磁阀
3	1B	工件夹紧检测	3	—	—
4	2B1	加工台伸出到位	4	2Y	伸缩电磁阀
5	2B2	加工台缩回到位	5	3Y	冲压电磁阀
6	3B1	加工冲压头上限			
7	3B2	加工冲压头下限			
8#～17#端子没有连接			6#～14#端子没有连接		

2. PLC 侧的接线端口信号端子的分配

根据加工单元装置侧的 I/O 信号分配和工作任务的要求，选用 S7 - 200SMART 系列的 CPUSR4OPLC，它有 24 点输入和 16 点输出。PLC 的 I/O 信号分配见表 3 - 6。

表 3-6　加工单元 PLC 的 I/O 信号分配

输入信号				输出信号			
序号	PLC 输入点	信号名称	信号来源	序号	PLC 输出点	信号名称	信号来源
1	I0.0	加工台物料检测（BG1）		1	Q0.0	夹紧电磁阀（1Y）	装置侧
2	I0.1	工件夹紧检测（1B）		2	Q0.1	伸缩电磁阀（2Y）	
3	I0.2	加工台伸出到位（2B1）		3	Q0.2	冲压电磁阀（3Y）	
4	I0.3	加工台缩回到位（2B2）	装置侧	4			
5	I0.4	加工冲压上限（3B1）		5			
6	I0.5	加工冲压下限（3B2）		6			
7	I1.2	启动按钮（SB1）		7	Q0.7	正常工作（HL1）	按钮/指 示灯模块
8	I1.3	停止按钮（SB2）		8	Q1.0	设备运行（HL2）	
9	I1.4	急停按钮（QS）	按钮/指 示灯模块	9	Q1.1	设备故障（HL3）	
10	I1.5	单站/联机（SA）					

（二）绘制 PLC 控制电路图

按照所规划的 I/O 分配以及所选用的传感器类型绘制的加工单元 PLC 的 I/O 接线原理图如图 3-12 所示。

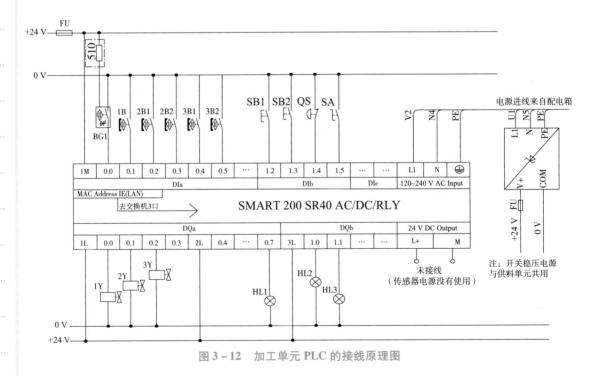

图 3-12　加工单元 PLC 的接线原理图

（三）PLC 控制电路的电气接线和调试

1. 装置侧接线

一是把加工单元各传感器信号线、电源线、0 V 线按规定接至装置侧左边较宽的接线端子排；二是把加工单元电磁阀的信号线接至装置侧右边较窄的接线端子排。

2. PLC 侧接线

PLC 侧接线包括电源接线、PLC 输入/输出端子的接线以及按钮/指示灯模块的接线 3 个部分。PLC 侧接线端子排为双层两列端子，左边较窄的一列主要接 PLC 的输出端口信号，右边较宽的一列接 PLC 的输入端口信号。两列中的下层分别接 24 V 电源和 0 V。左列上层接 PLC 的输出信号口，右列上层接 PLC 的输入信号口。PLC 的按钮接线端子连接至 PLC 的输入信号口，信号指示灯信号端子接至 PLC 的输出信号口。

3. 接线注意事项

装置侧接线端口中，输入信号端子的上层端子（24 V）只能作为传感器的正电源端，切勿用于连接电磁阀等执行元件的负载。电磁阀等执行元件的正电源端和 0 V 端应连接到输出信号端子下层端子的相应端子上。装置侧接线完成后，应用扎带绑扎，力求整齐美观。电气接线的工艺应符合国家职业标准的规定，例如，导线连接到端子时，采用端子压接方法；连接线须有符合规定的标号；每一端子连接的导线不超过两根等。

4. 接线调试

电气接线的工艺应符合有关专业规范的规定。接线完毕，应借助 PLC 编程软件的状态监控功能校核接线的正确性。

电气接线完成后，应仔细调整各磁性开关的安装位置，以及加工台的 E3Z – LS63 型漫射式光电接近开关的设定距离，宜用黑色工件进行测试。

（四）加工单元的程序设计

程序设计的首要任务是理解加工单元的工艺要求和控制过程，在充分理解的基础上，绘制程序流程图，然后根据流程图来编写程序，而不是单靠经验来编程，只有这样才能取得事半功倍的效果。

1. 顺序功能图

由加工单元的工艺流程（见任务描述部分）可以绘制加工单元的主程序和加工控制子程序的顺序功能图，如图 3 - 13 和图 3 - 14 所示。

整个程序的结构包括主程序、加工控制子程序和信号显示子程序。主程序是一个周期循环扫描的程序，通电后先进行初态检查，即检查伸缩气缸、手爪气缸和冲压气缸是否在复位状态，加工台是否有工件。这 4 个条件中的任一条件不满足，初态均不能通过，也就是说不能启动加工单元使之运行。如果初态检查通过，则说明设备准备就绪，允许启

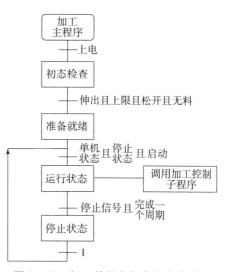

图 3 - 13　加工单元主程序顺序功能图

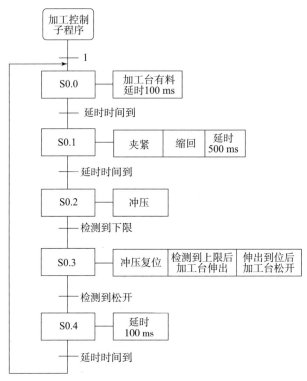

图 3-14 加工单元加工控制子程序顺序功能图

动。启动后，系统就处于运行状态，此时主程序每个扫描周期后调用加工控制子程序和显示子程序。

加工控制子程序是一个步进程序，可以采用置位和复位方法来编程，也可以用西门子特有的顺序继电器指令（SCR 指令）来编程。如果加工台有料，则相继执行夹紧、缩回、冲压操作，然后再执行冲压复位、加工台缩回复位、手爪松开复位等操作，延时 1 s 后返回子程序入口处开始下一个周期的工作。

信号显示子程序相对比较简单，可以根据项目的任务描述用经验设计法来编程实现。

2. 梯形图程序

1）主程序（见图 3-15）

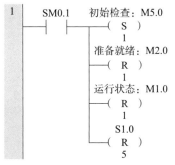

图 3-15 主程序梯形图

2	初始检查： M5.0 ─┤ ├─	伸出到位： I0.2 ─┤ ├─	加工压头 上限：I0.4 ─┤ ├─	夹紧到位： I0.1 ─┤／├─	准备就绪： M2.0 ─┤ ├─	运行状态： M1.0 ─┤／├─	加工台物料： I0.0 ─┤ ├─	准备就绪： M2.0 ─(S) 1 初台检查： M5.0 ─(R) 1

3	加工压头 上限：I0.4 ─┤ ├─	伸出到位： I0.2 ─┤ ├─	夹紧到位： I0.1 ─┤／├─	加工台 物料：I0.0 ─┤／├─NOT─	运行状态： M1.0 ─┤／├─	准备就绪： M2.0 ─┤ ├─	准备就绪： M2.0 ─(R)

4	单机联机： I1.5 ─┤／├─	启动按钮： I1.3 ─┤ ├─	准备就绪： M2.0 ─┤ ├─	运行状态： M1.0 ─┤／├─	运行状态： M1.0 ─(S) 1 S1.0 ─(S) 1

5	运行状态： M1.0 ─┤ ├─	单机联机： I1.5 ─┤／├─	停止按钮： I1.2 ─┤ ├─	停止指令： M1.1 ─(S) 1

6	急停按钮： I1.4 ─┤ ├─	运行状态： M1.0 ─┤ ├─	加工控制 EN

7	运行状态： M1.0 ─┤ ├─	停止指令： M1.1 ─┤ ├─	S1.0 ─┤ ├─	运行状态：M1.1 ─(R) 1 S1.0 ─(R) 1 停止指令：M1.1 ─(R) 1

8	SM0.0 ─┤ ├─	显示 EN

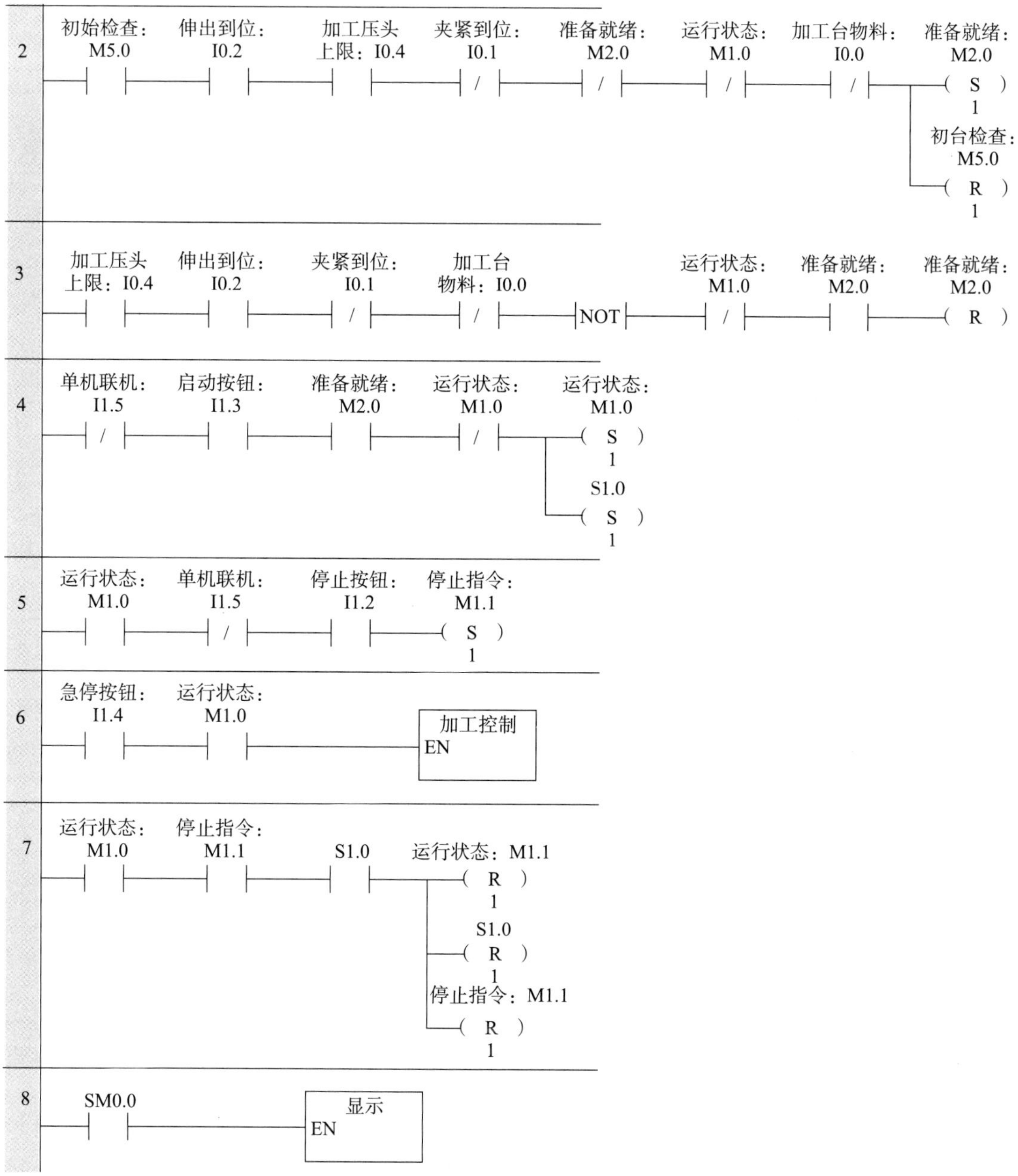

图 3-15　主程序梯形图（续）

2）加工子程序（见图 3-16）

3）显示子程序（见图 3-17）

停止指令： 加工台物料：
1　S1.0　　M1.1　　I1.0　　　　　　　　　T41
　　┤├　　　┤/├　　　┤├　　　　　　IN　　TON
　　　　　　　　　　　　　　　　10─PT　　100 ms

2　T41　　S1.1
　　┤├　　（ S ）
　　　　　　　1
　　　　　　S1.0
　　　　　（ S ）
　　　　　　　1

3　S1.1　夹紧驱动：Q0.0
　　┤├　　（ S ）
　　　　　　　1

夹紧到位：
4　S1.1　　I0.1　伸缩驱动：Q0.2
　　┤├　　┤├　（ S ）
　　　　　　　　　　1

缩回到位：
5　S1.1　　I0.3　　　　　T39
　　┤├　　┤├　　　　IN　　TON
　　　　　　　　　　5─PT　　100 ms

6　T39　　S1.2
　　┤├　　（ S ）
　　　　　　　1
　　　　　　S1.1
　　　　　（ R ）
　　　　　　　1

7　S1.2　加工驱动：Q0.3
　　┤├　　（ S ）
　　　　　　　1

　　　　加工压头
8　S1.2　下限：I0.5　　　S1.3
　　┤├　　　┤├　　　（ S ）
　　　　　　　　　　　　　1
　　　　　　　　　　　S1.2
　　　　　　　　　　（ R ）
　　　　　　　　　　　　1

9　S1.3　加工驱动：Q0.3
　　┤├　　（ R ）
　　　　　　　1

10　S1.3　加工驱动：Q0.3
　　┤├　　（ R ）
　　　　　　　1

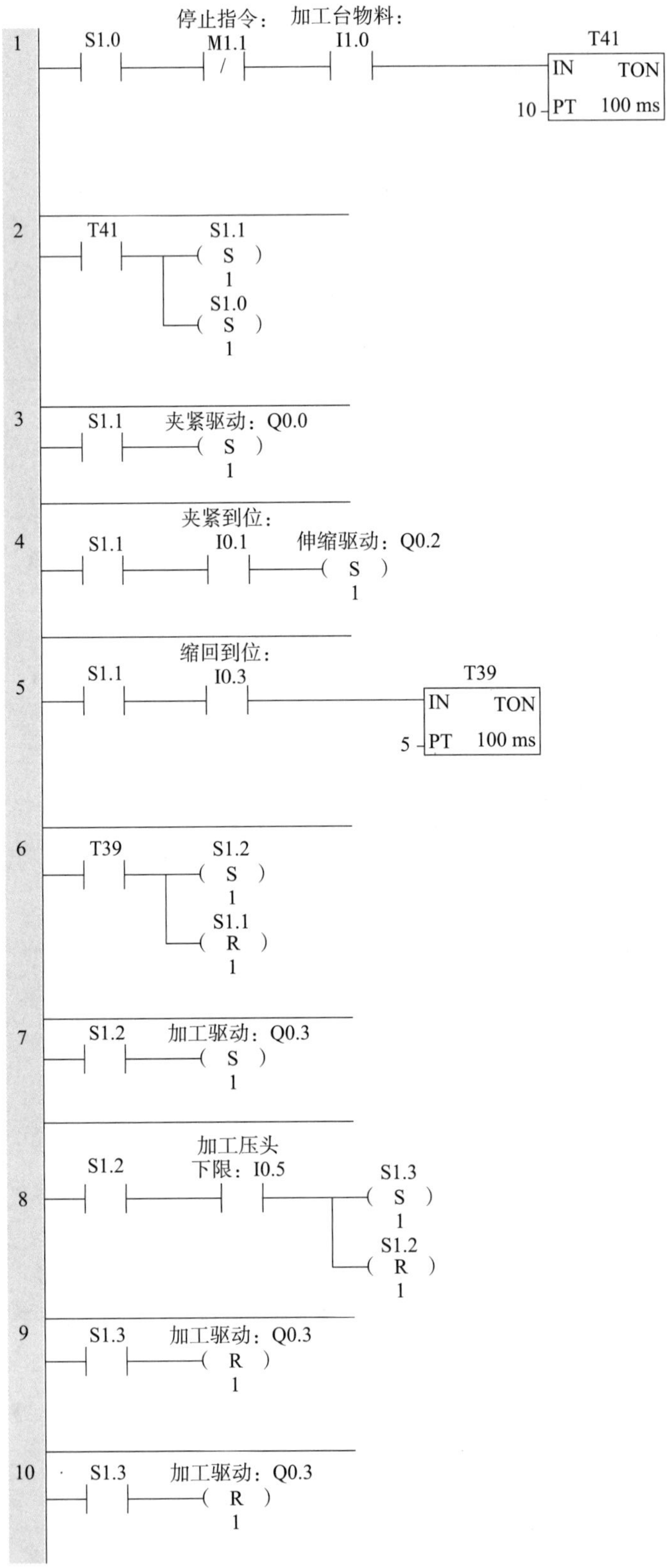

图 3－16　加工子程序梯形图

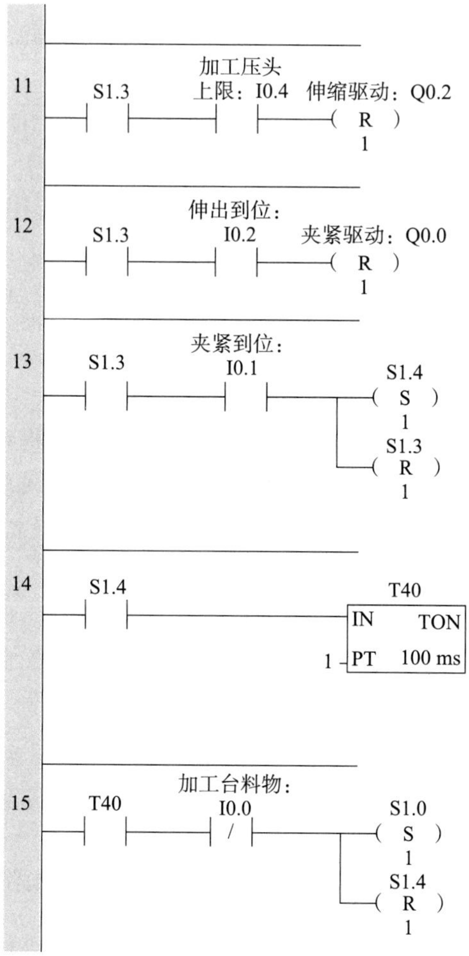

图 3 - 16 加工子程序梯形图（续）

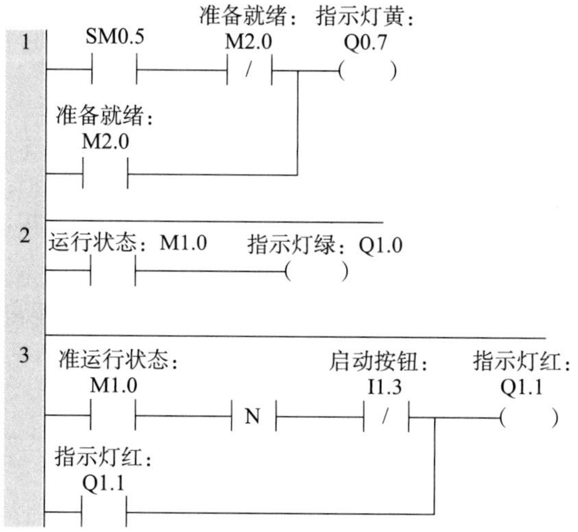

图 3 - 17 显示子程序梯形图

3. 加工单元的 PLC 程序调试

在加工单元的硬件调试完毕，I/O 端口确保正常连接，程序设计完成后，就可以进行软件下载和调试了。调试步骤如下：

（1）用网线将 PLC 与 PC 相连，打开 PLC 编程软件，设置通信端口 IP 地址，建立上位机与 PLC 的通信连接。

（2）PLC 程序编译无误后将其下载至 PLC，并使 PLC 处于 RUN 状态。

（3）将程序调至监视状态，观察 PLC 程序的能流状态，以此来判断程序的正确与否，并有针对性地进行程序修改，直至加工单元能按工艺要求运行。程序每次修改后需对其进行重新编译并将其下载至 PLC。

五、任务检查

为保证任务能顺利可靠地开展下去，必须对任务的实施过程和结果进行检查。检查内容的设置原则主要包括两点：对影响到任务能否正常实施和完成质量的因素，要设置为检查内容，包括安全、操作、结果（中间结果和最终结果）等；所设置的检查内容应尽可能量化表达，以便于客观评价任务的实施。

本次任务的主要内容是：加工单元的 I/O 分配、安装接线、PLC 编程与调试，根据任务目标的具体内容，设置表 3-7 所示的检查表，在实施过程和终结时进行必要的检查并填报检查表。

表 3-7　加工单元的 PLC 编程与调试任务检查表

项目	分值	评分要点	检查情况	得分
完成 PLC 的 I/O 分配及接线端子分配	10	I/O 分配及接线端子分配合理		
完成系统安装接线，并校核接线的正确性	10	端子连接、插针压接牢固；每个接线柱不超过两根导线；端子连接处有线号；电路接线绑扎		
完成 PLC 程序编制	10	根据工艺要求编写程序		
完成系统调试与运行	40	根据工艺要求调试程序，运行正确		
职业素养	30	分工合理，制订计划能力强，严谨认真；爱岗敬业，安全意识，责任意识，服从意识；团队合作，交流沟通，互相协作，分享能力；主动性强，保质保量完成工作页相关任务；能采取多样化手段收集信息、解决问题		
合计	100			

六、任务评价

严格按照任务检查表来完成本任务实训内容，教师对学生实训内容完成情况进行客观评价，评价表如表3-8。

表3-8　加工单元的PLC编程与调试任务评价表

评价项目	评价内容	分值	教师评价
职业素养 30分	分工合理，制订计划能力强，严谨认真	5	
	爱岗敬业，安全意识，责任意识，服从意识	5	
	团队合作，交流沟通，互相协作，分享能力	5	
	遵守行业规范，现场6S标准	5	
	主动性强，保质保量完成工作页相关任务	5	
	能采取多样化手段收集信息、解决问题	5	
专业能力 60分	PLC的I/O分配及接线端子分配	15	
	系统安装接线，并校核接线的正确性	15	
	PLC程序编制	15	
	系统调试与运行	15	
创新意识 10分	创新性思维和行动	10	
合计		100	

扩展提升

　　YL-335B型自动化生产线在联机运行时，加工台的工件是由输送单元机械手放置的。加工过程步进程序须在机械手缩回到位，发出进料完成信号以后启动。请用按钮SB2模拟输送单元发来的进料完成信号，编写加工单元的单站运行程序。

项目4 装配单元的安装与调试

项目目标

（1）了解装配单元的基本结构，主要理解摆动和导向气缸的工作过程，掌握传感器技术、气动技术的工作原理及其在装配单元中的应用。

（2）能够熟练安装、调试装配单元的机械、气路和电路，保证硬件部分正常工作；能够根据装配单元的工艺要求编写及调试PLC程序。

（3）熟练掌握装配单元的机械装配与调试，增强学生的安全意识；完成装配单元的电路设计、编程、调试，激发学生的工匠精神和爱国精神。

项目描述

本项目主要完成装配单元机械部件的安装、气路连接和调整、装置侧与PLC侧电气接线、PLC程序的编写，最终通过机电联调实现设备总工作目标：按下启动按钮，通过落料机构落料、摆动气缸回转、装配机械手装配，将黑色或白色芯件嵌入装配台上的外壳工件；按下停止按钮，系统完成当前装配周期后停止。

本项目设置了两个工作任务：

（1）装配单元的硬件安装与调试；

（2）装配单元的PLC编程与调试。

知识储备

（一）装配单元的基本结构

装配单元的外形结构如图4-1所示，其硬件结构主要由机械部件、电气元件和气动部件构成。机械部件包括管形料仓、装配机构、回转台、装配机械手、待装配工件的定位机构、气动系统及其阀组、接线端口、铝合金支架和底板等。电气元件包括4个光电传感器、7个磁性传感器（也称为磁性开关）、1个光纤传感器和1个警示灯。气动部件包括4个双作用直线气缸、1个手爪气缸、1个回转气缸、8个气缸节流阀和6个电磁阀。

1. 管形料仓

管形料仓用来存储装配用的金属及黑色和白色小圆柱工件，它由塑料圆管和中空底座构成，塑料圆管顶端配置加强金属环，以防止破损。工件竖直放入管形料仓内，由于管形料仓外径稍大于工件外径，故工件能在重力的作用下自由下落。

为了能在料仓装配不足和缺料时报警，在管形料仓底部和底座处分别安装了两个E3Z-

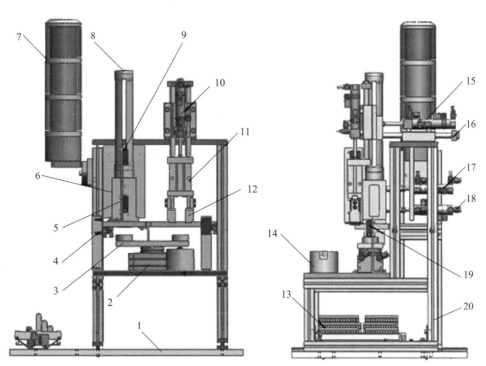

图 4 - 1　装配单元的外形结构

1—底板；2—回转气缸；3—回转台；4—左料盘光电传感器；5—缺料光电传感器；6—管形料仓底座；7—警示灯；
8—管形料仓；9—供料充足光电传感器；10—升降气缸；11—机械手气缸；12—机械手爪；13—接线端子排；
14—装配台；15—伸缩气缸；16—伸缩导杆；17—顶料气缸；18—挡料气缸；19—右料盘光电传感器；20—铝合金支架

LS63 型光电接近开关，并在管形料仓及底座的前后侧纵向铣槽，以使光电接近开关的红外光斑能可靠地照射到被检测的物料上。

2. 落料机构

图 4 - 2 给出了落料机构示意图。在图 4 - 2 中，料仓底座的背面安装了两个直线气缸，上面的气缸称为顶料气缸，下面的气缸称为挡料气缸。

系统气源接通后，落料机构位于初始位置：顶料气缸处于缩回状态，挡料气缸处于伸出状态。这样，当从料仓进料口放下工件时，芯件将被挡料气缸活塞杆终端的挡块阻挡而不能落下。

当需要进行装配操作时，首先使顶料气缸伸出，顶住第二层工件，然后挡料气缸缩回，第一层工件掉入回转物料台的料盘中；之后挡料气缸复位伸出，顶料气缸缩回，原第二层工件落到挡料气缸终端挡块上，成为新的第一层工件，为再一次装配做好准备。

3. 回转物料台

回转物料台主要由摆动气缸、料盘支承板及固定在其上的两个料盘组成，如图 4 - 3 所示。摆动气缸能驱动料盘支承板旋转 180°，使两个料盘在料仓正下方和装配机械手正下方两个位置往复回转，从而实现把从装配机构落到料盘的工件转移到装配机械手正下方的功能。

图 4 - 3 中的光电接近开关 3 和光电接近开关 4 分别用来检测料盘 1 和料盘 2 是否有工

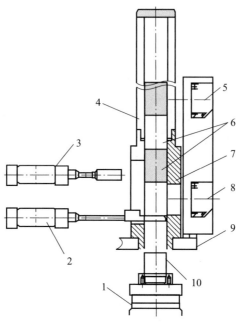

图 4 - 2　落料机构示意图

1—回转台；2—挡料气缸；3—顶料气缸；4—管形料仓；5—供料充足光电传感器；6—小圆柱形零件；

7—料仓底座；8—缺料光电传感器；9—料仓固定底板；10—落入左料盘的零件

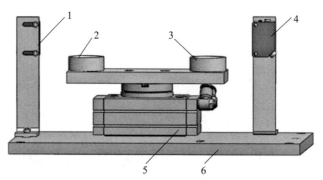

图 4 - 3　回转物料台的结构

1—左料盘光电传感器；2—左料盘；3—右料盘；4—右料盘光电传感器；5—回转台气缸；6—回转台底板

件。两个光电接近开关均选用 E3Z - LS63 型光电接近开关。

4. 装配机械手

装配机械手是整个装配单元的核心。当装配机械手正下方的回转物料台料盘 2 上有小圆柱工件，且装配台侧面的光纤传感器检测到装配台上有待装配工件的情况下，装配机械手将从初始状态开始执行装配操作过程。

装配机械手是一个三维运动的机构，如图 4 - 4 所示，它由水平方向移动和垂直方向移动的两个导向气缸和气动手指组成。其中，伸缩气缸构成机械手的手臂，气动手指和夹紧器构成机械手的手爪。

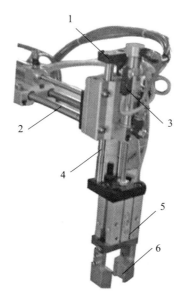

图 4 - 4　装配机械手的结构

1—行程调整板；2—水平导杆气缸；3—磁性传感器；4—垂直导杆气缸；5—手爪气缸；6—手爪

5. 装配台

输送单元运送来的待装配工件直接放置在装配台上，由装配台定位孔实现定位，从而完成准确的装配动作。装配台料斗与回转物料台组件共用固定板，如图 4 - 5 所示。

图 4 - 5　装配台料斗及固定板

1—装配台料斗固定板；2—装配台料斗

6. 警示灯

本工作单元上安装有红、橙、绿三色警示灯，作为整个系统警示用。警示灯有五根引出线，其中，绿 - 黄双色导线是接地线，红色线为红色灯控制线，黄色线为橙色灯控制线，绿色线为绿色灯控制线，黑色线为信号灯公共控制线，如图 4 - 6 所示。

图 4 - 6　警示灯及接线

（二）装配站的工作原理

若设备准备好，则按下启动按钮，装配站启动，"设备运行"指示灯 HL2（绿色灯）常亮。如果回转台上的左料盘内没有小圆柱形零件，则执行下料操作；如果左料盘内有小圆柱形零件，而右料盘内没有，则执行回转台回转操作。如果回转台上的右料盘内有小圆柱形零件且装配台上有待装配工件，则执行装配机械手抓取小圆柱形零件，并将其放入待装配工件中的操作。完成装配任务后，装配机械手应返回初始位置，等待下一次装配。

（三）传感器在装配单元中的应用

装配站使用4个光电传感器、7个磁性传感器（也称为磁性开关）和1个光纤传感器。光电传感器和磁性开关的作用、原理参见项目2的相关内容。

1. 光电传感器在装配站中的具体应用（见图4-7）

（1）检测管形料仓的小圆柱形工件是否充足、是否缺料。

（2）检测左、右料盘是否有料。

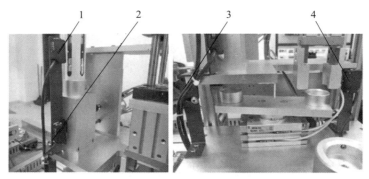

图4-7 光电传感器在装配站中的应用

1—检测料仓零件是否有料；2—检测料仓零件是否缺料；3—检测左料盘是否有料；4—检测右料盘是否有料

2. 磁性传感器在装配站中的具体应用（见图4-8）

（1）检测气动手爪是否夹紧。

（2）检测装配机械手的伸缩状态。

（3）检测装配机械手的下降和提升状态。

（4）检测回转台的状态。

图4-8 磁性开关在装配站中的作用

1—检测手爪是否夹紧；2—检测机械手缩回到位；3—检测机械手伸出到位；4—检测机械手提升到位；
5—检测机械手下降到位；6—检测回转盘左旋到位；7—检测回转盘右旋到位

3. 光纤传感器在装配站中的应用

光纤传感器用于检测黑、白两种小圆柱形零件，也可以通过调节其灵敏度使其作为一般光电传感器用。其优点在于：可抗电磁干扰，可工作于恶劣环境，传输距离远，使用寿命长。此外，由于光纤头具有较小的体积，所以可以安装在很小的空间中。光纤传感器的外形如图4-9所示。

图4-9　光纤传感器的外形

1—光纤；2—光纤放大器；3—信号线；4—光纤检测头

1）工作原理

光纤传感器中放大器的灵敏度调节范围较大。当光纤传感器灵敏度调得较小时，对于反射性较差的黑色物体，光电探测器无法接收到反射信号；而对于反射性较好的白色物体，光电探测器就可以接收到反射信号。反之，若调高光纤传感器的灵敏度，即使对反射性较差的黑色物体，光电探测器也可以接收到反射信号。

2）光纤传感器的接线

接线与光电传感器相同，即棕色线接DC 24 V，蓝色线接0 V，黑色线接信号线。

3）光纤传感器在装配站中的具体应用

光纤传感器主要用于检测装配台上工件的颜色（黑色或白色工件）。

（四）气动元件在装配单元中的应用

装配站中用到的气动元件主要有双作用直线气缸、导向气缸、气动手指、气动摆台、节流阀和电磁阀，其中双作用直线气缸、节流阀和电磁阀的原理及作用参见项目2的相关内容。

1. 气动摆台

装配单元摆动气缸的摆动回转角度能在0°~180°内任意调整。当需要调节回转角度或调整摆动位置的精度时，应首先松开调节螺杆上的反扣螺母，通过旋入和旋出调节螺杆改变摆动平台的回转角度，调节螺杆1与调节螺杆2分别用于左旋和右旋角度的调整。当调整好回转角度后，应将反扣螺母与其体反扣销紧，以防止调节螺杆松动，造成回转精度降低。摆动角度调整示意图如图4-10所示。

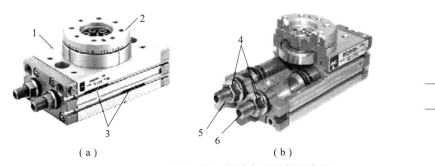

（a）　　　　　　　　　　（b）　　　　　　　　　　（c）

图4-10　摆动角度调整示意图

（a）实物图；（b）剖视图；（c）图形符号

1—回转气缸；2—回转凸台；3—磁性开关；4—反扣螺母；5—调节螺杆1；6—调节螺杆2

2. 导向气缸

导向气缸是具有导向功能的气缸，一般为标准气缸和导向装置的组合体。导向气缸具有导向精度高、抗扭转力矩、承载能力强及工作平稳等特点。装配站用于驱动装配机械手水平方向移动的导向气缸的外形如图4-11所示，该气缸由带双导杆的直线运动气缸和其他附件组成。

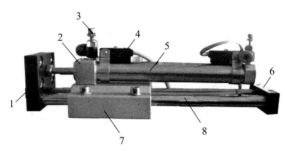

图4-11 导向气缸的外形

1—连接件安装板；2—直线气缸安装板；3—节流阀；4—磁性开关；
5—直线气缸；6—行程调整板；7—安装支架；8—导杆

3. 单向控制电磁阀

装配单元采用6个二位五通电磁阀组，其结构及工作原理与装配站采用的电磁阀类似，这里不再赘述。

（五）相关专业术语

（1）feeding device：装配装置；

（2）swing table：回转台；

（3）assembly manipulator：装配机械手；

（4）semi-finished workpiece：半成品工件；

（5）warning light：警示灯；

（6）ejector cylinder：顶料气缸；

（7）baffle cylinder：挡料气缸；

（8）assembly table：装配台；

（9）tube-shape feeding bin：管形料仓；

（10）gripper：抓爪；

（11）lifting cylinder：升降气缸；

（12）wiring terminals：接线端口。

任务1 装配单元的硬件安装与调试

一、任务目标

将装配单元的机械部分拆开成组件和零件的形式，然后再组装成原样。

根据项目的任务描述，本任务需要完成的工作如下：

（1）装配单元的机械安装与调试；

（2）装配单元的气路连接与调试；

（3）装配单元的传感器安装与调试；

（4）增强学生的安全意识。

二、任务计划

根据任务需求，完成装配单元的硬件安装与调试，撰写实训报告，制订表4-1所示的任务工作计划。

表4-1　装配单元的硬件安装与调试任务的工作计划

序号	项目	内容	时间/min	人员
1	装配单元的硬件安装与调试	装配单元的机械安装与调试	40	全体人员
		装配单元的气路连接与调试	40	全体人员
		装配单元的传感器安装与调试	40	全体人员
2	撰写实训报告	简述装配单元的机械安装过程	10	全体人员
		简述装配单元的气路连接过程	10	全体人员
		简述装配单元的硬件调试过程	10	全体人员
		简述装配单元的传感器安装过程	10	全体人员

三、任务决策

按照工作计划表，按小组实施装配单元的硬件安装与调试，完成任务并提交实训报告。

四、任务实施

任务实施前指导教师必须强调做好安装前的准备工作，使学生养成良好的工作习惯，并进行规范的操作，这是培养学生良好工作素养的重要步骤。

（1）安装前，应对设备的零部件做初步检查以及必要的调整。

（2）工具和零部件应合理摆放，操作时将每次使用完的工具放回原处。

（一）机械的安装和调试

1. 机械部分的安装

装配单元各组件包括：装配操作组件；装配料仓；回转机构及装配台；装配机械手组件；工作单元支承组件。表4-2给出了装配单元各组件的装配过程。

表4-2　装配单元各组件的装配过程

组件	装配过程	装配结果
装配操作组件		

组件	装配过程	装配结果
装配料仓		
回转机构及装配台		
装配机械手组件		
工作单元支承组件		

完成以上组件的装配后，按表 4 - 3 的步骤进行总装。

表 4 - 3　装配单元总装步骤

步骤	装配结果
步骤一：将回转机构及装配台组件安装到支承架上	
步骤二：安装装配料仓组件	

步骤	装配结果
步骤三：安装装配操作组件和装配机械手支承板	
步骤四：安装装配机械手组件	

安装过程中的注意事项如下：

（1）装配时要注意摆台的初始位置，以免装配完成后摆动角度不到位。

（2）预留螺栓的放置一定要足够，以免造成组件之间不能完成安装。

（3）建议先进行装配，但不要一次拧紧各固定螺栓，待相互位置基本确定后，再依次拧紧。

2. 机械调试

适当调整紧固件和螺钉，保证装配站装配组件能顺利装配；能将小圆柱形零件落入回气台左料盘；保证回转台能顺利完成 0°～180°回转；保证机械手能顺利伸出、缩回、下降、提升、夹紧和松开，并且位置准确；所有紧固件不能松动。

（二）气路的连接和调试

1. 气路连接

装配单元的电磁阀组由六个二位五通单电控电磁换向阀组成，气动控制回路如图 4－12 所示。在进行气动控制回路连接时，应注意各气缸的初始位置，其中，挡料气缸位于伸出位置，升降气缸位于升起位置。

安装注意事项：

（1）一个电磁阀的两根气管只能连接至一个气缸的两个端口，不能使一个电磁阀连接至两个气缸，或使两个电磁阀连接至一个气缸。

（2）接入气管时，插入节流阀的气孔后确保其不能被拉出，而且保证不能漏气。

（3）拔出气管时，先要用左手按下节流阀气孔上的伸缩件，右手轻轻拔出即可，切不可直接用力强行拔出，否则会损坏节流阀内部的锁扣环。

（4）连接气路时最好进、出气管用两种不同颜色的气管来连接，以方便识别。

（5）气管的连接应做到走线整齐、美观，扎带绑扎距离保持在 4～5 cm 为宜。

2. 气路调试

（1）接通气源后，观察装配组件中顶料气缸是否处于缩回状态，挡料气缸是否处于伸出状态，回转台是否处于左旋位置，机械手是否处于缩回状态、提升状态，手爪是否处于松

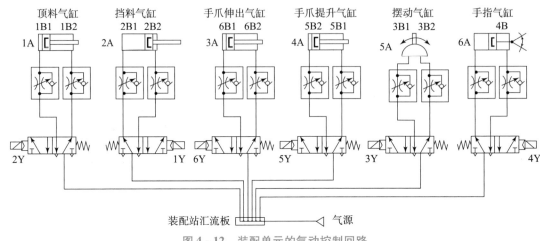

顶料气缸　　挡料气缸　　手爪伸出气缸　手爪提升气缸　摆动气缸　　手指气缸
1B1　1B2　　2B1　2B2　　6B1　6B2　　5B2　5B1　　3B1　3B2　　4B

1A　　　　　2A　　　　　3A　　　　　4A　　　　　5A　　　　　6A

2Y　　　　　　　　1Y　6Y　　　　　5Y　　　　　3Y　　　　　　　4Y

装配站汇流板　　　　　　　　气源

图4-12　装配单元的气动控制回路

开状态。若不符合要求，则关掉气源后调整气管的连接方式。

（2）接通气源后，分别手动按下顶料气缸、挡料气缸、回转台摆动气缸、手爪气缸、机械手伸缩气缸、机械手提升/下降电磁阀，观察相应的气缸动作是否平顺，若不平顺，则调整相应气缸两端（侧）的节流阀。

（3）接通气源后，观察所有气管接口处是否有漏气现象，如果有，则关掉气源，调整气头和气管。

（三）光纤传感器的安装和调试

1. 放大器的安装和拆卸

放大器的安装过程如图4-13所示，拆卸时过程与此相反。注意：在连接好光纤的状态下，不要从DIN导轨上拆卸放大器。

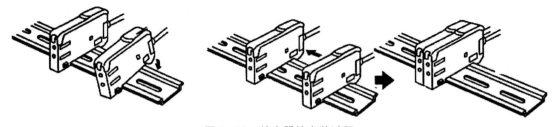

图4-13　放大器的安装过程

2. 光纤的安装和拆卸

光纤的安装和拆卸如图4-14所示。注意：安装或拆卸时一定要切断电源。

安装光纤：抬起保护罩，提起固定按钮，将光纤顺着放大器侧面的插入位置记号插入，然后放下固定按钮。

拆卸光纤：抬起保护罩，提起固定按钮便可以将光纤取下来。

3. 光纤传感器的调试

光纤传感器的放大器灵敏度调节范围较大。当光纤传感器灵敏度调得较低时，对于反射

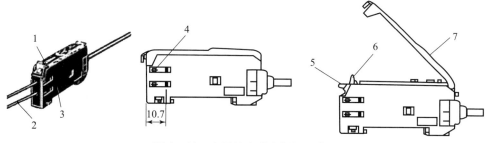

图 4 - 14　光纤的安装和拆卸示意图

1—固定按钮；2—光纤；3—光纤插入位置记号；4—插入位置；5—固定状态；6—固定解除状态；7—保护罩

性较差的黑色物体，光纤头无法接收到反射信号；而对于反射性较好的白色物体，光纤头就可以接收到反射信号。反之，当光纤传感器灵敏度调得较高时，即使对于反射性较差的黑色物体，光纤头也可以接收到反射信号。

调节 8 挡灵敏度旋钮可对放大器进行灵敏度调节（顺时针旋转灵敏度增高）。调节时，会看到入光量显示灯的发光会产生变化。当光纤头检测到物料时，动作显示灯亮，提示检测到物料。图 4 - 15 给出了放大器的俯视图，

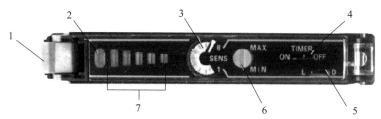

图 4 - 15　放大器的俯视图

1—锁定拨杆；2—动作显示灯（橙色）；3—灵敏度旋钮指示器；4—定时功能切换开关；

5—动作模式切换开关；6—8 挡灵敏度旋钮；7—入光量显示灯

E3Z - NA11 型光纤传感器采用 NPN 型晶体管输出，接线时应注意根据导线颜色判断电源极性和信号输出线，切勿把信号输出线直接连接到电源 +24 V 端。

五、任务检查

为保证任务能顺利可靠地开展下去，必须对任务的实施过程和结果进行检查。检查内容的设置原则主要包括两点：对影响到任务能否正常实施和完成质量的因素，要设置为检查内容，包括安全、操作、结果（中间结果和最终结果）等；所设置的检查内容应尽可能量化表达，以便于客观评价任务的实施。

本次任务的主要内容是：装配单元的机械、气路、电气安装、调试，根据任务目标的具体内容，设置表 4 - 4 所示的检查表，在实施过程和终结时进行必要的检查并填报检查表。

表 4 - 4　装配单元的硬件安装与调试任务检查表

项目	分值	评分要点	检查情况	得分
装配单元的机械安装与调试	30	安装正确，动作顺畅，紧固件无松动		

项目	分值	评分要点	检查情况	得分
装配单元的气路连接与调试	20	气路连接正确、美观，无漏气现象，运行平稳		
装配单元的传感器安装与调试	20	安装正确，位置合理		
职业素养	30	分工合理，制订计划能力强，严谨认真；爱岗敬业，安全意识，责任意识，服从意识；团队合作，交流沟通，互相协作，分享能力；主动性强，保质保量完成工作页相关任务；能采取多样化手段收集信息、解决问题		
合计	100			

六、任务评价

严格按照任务检查表来完成本任务实训内容，教师对学生实训内容完成情况进行客观评价，评价表见表4-5。

表4-5　装配单元的硬件安装与调试任务评价表

评价项目	评价内容	分值	教师评价
职业素养 30分	分工合理，制订计划能力强，严谨认真	5	
	爱岗敬业，安全意识，责任意识，服从意识	5	
	团队合作，交流沟通，互相协作，分享能力	5	
	遵守行业规范，现场6S标准	5	
	主动性强，保质保量完成工作页相关任务	5	
	能采取多样化手段收集信息、解决问题	5	
专业能力 60分	装配单元的机械安装与调试	20	
	装配单元的气路连接与调试	20	
	装配单元的传感器安装与调试	20	
创新意识 10分	创新性思维和行动	10	
合计		100	

 扩展提升

总结供装配单元机械、电气、气路安装及其调试的过程和经验。

任务2　装配单元的 PLC 编程与调试

一、任务目标

（1）完成 PLC 的 I/O 分配及接线端子分配。

（2）完成系统安装接线，并校核接线的正确性。

（3）完成 PLC 程序编制。

（4）完成系统调试与运行。

（5）激发学生的工匠精神和爱国精神。

装配单元单站运行时，工作的主令信号和工作状态显示信号来自 PLC 旁边的按钮/指示灯模块，并且按钮/指示灯模块上的工作方式选择开关 SA 应置于"单站方式"位置。具体的控制要求如下：

（1）装配单元各气缸的初始位置：挡料气缸位于伸出位置，顶料气缸位于缩回位置（料仓内有足够的小圆柱工件）；装配机械手的升降气缸位于提升（缩回）位置，伸缩气缸位于缩回位置，气爪处于松开状态。

设备通电且气源接通后，若各气缸满足初始位置要求，且料仓内有足够的小圆柱工件，则"正常工作"指示灯 HL1 常亮，表示设备已经准备好。否则，该指示灯以 1 Hz 的频率闪烁。

（2）若设备已经准备好，按下启动按钮 SB1，装配单元启动，"设备运行"指示灯 HL2 常亮。如果回转物料台上的料盘 1 内没有小圆柱工件，则执行装配操作；如果料盘 1 内有小圆柱工件，而料盘 2 内没有，则执行回转台回转操作。

（3）如果回转物料台上的料盘 2 内有小圆柱工件且装配台上有待装配工件，则装配机械手将抓取小圆柱工件并将其嵌入待装配工件中。

（4）完成装配任务后，装配机械手返回初始位置，等待下一次装配。

（5）若在运行过程中按下停止按钮 SB2，装配机构应立即停止装配。在满足装配条件的情况下，装配单元将在完成本次装配后停止工作。

（6）若在工作过程中料仓内工件不足，装配单元仍会继续工作，但设备运行指示灯 HL2 以 1 Hz 的频率闪烁，正常工作指示灯 HL1 保持常亮。若出现缺料故障（料仓无料、料盘无料），则 HL1 和 HL2 均以 1 Hz 的频率闪烁，装配单元在完成本周期任务后停止，在向料仓补充足够的工件后才能再次启动。

二、任务计划

根据任务需求，完成装配单元的 PLC 编程与调试，撰写实训报告，制订表 4 - 6 所示的任务工作计划。

表 4 - 6　装配单元的 PLC 编程与调试任务的工作计划

序号	项目	内容	时间/min	人员
1	装配单元的 PLC 编程与调试	完成 PLC 的 I/O 分配及接线端子分配	30	全体人员
		完成系统安装接线，并校核接线的正确性	30	全体人员
		完成 PLC 程序编制	30	全体人员
		完成系统调试与运行	30	全体人员

序号	项目	内容	时间/min	人员
2	撰写实训报告	绘制 PLC 的 I/O 分配表	10	全体人员
		绘制系统安装接线图	10	全体人员
		编写 PLC 梯形图程序	10	全体人员
		描述系统调试过程	10	全体人员

三、任务决策

按照工作计划表，按小组实施装配单元的 PLC 编程与调试，完成任务并提交实训报告。

四、任务实施

（一）装配单元接线端口信号端子的分配

1. 装置侧的接线端口信号端子的分配

一是把装配站各传感器信号线、电源线、0 V 线按规定接至装置侧左边较宽的接线端子排；二是把装配站电磁阀的信号线接至装置侧右边较窄的接线端子排。装配单元装置侧接线端口信号端子的分配见表 4 - 7。

表 4 - 7 装配单元装置侧接线端口信号端子的分配

输入端口中间层			输出端口中间层		
端子号	设备符号	信号线	端子号	设备符号	信号线
2	BG1	零件不足检测	2	1Y	挡料电磁阀
3	BG2	零件有无检测	3	2Y	顶料电磁阀
4	BG3	左料盘零件检测	4	3Y	回转电磁阀
5	BG4	右料盘零件检测	5	4Y	手爪夹紧电磁阀
6	BG5	装配台工件检测	6	5Y	手爪下降电磁阀
7	1B1	顶料到位检测	7	6Y	手臂伸出电磁阀
8	1B2	顶料复位检测	8	AL1	红色警示灯
9	2B1	挡料状态检测	9	AL2	黄色警示灯
10	2B2	落料状态检测	10	AL3	绿色警示灯
11	3B1	摆动气缸左限检测			
12	3B2	摆动气缸右限检测			
13	4B	手爪夹紧检测			
14	5B1	手爪下降到位检测			
15	5B2	手爪上升到位检测			
16	6B1	手臂缩回到位检测			
17	6B2	手臂伸出到位检测			

2. PLC 侧的接线端口信号端子的分配

根据装配单元装置侧的 I/O 信号分配和工作任务的要求，选用 S7 - 200SMART 系列的
CPUSR40PLC，它有 24 点输入和 16 点输出。PLC 的 I/O 信号分配见表 4 - 8。

表 4 - 8 装配单元 PLC 的 I/O 信号分配

输入信号				输出信号			
序号	PLC 输入点	信号名称	信号来源	序号	PLC 输出点	信号名称	信号来源
1	I0.0	工件不足检测（BG1）	装置侧	1	Q0.0	挡料电磁阀（1Y）	装置侧
2	I0.1	工件有无检测（BG2）		2	Q0.1	顶料电磁阀（2Y）	
3	I0.2	料盘 1 工件检测（BG3）		3	Q0.2	回转电磁阀（3Y）	
4	I0.3	料盘 2 工件检测（BG4）		4	Q0.3	手爪夹紧电磁阀（4Y）	
5	I0.4	装配台工件检测（BG5）		5	Q0.4	手爪下降电磁阀（5Y）	
6	I0.5	顶料到位检测（1B1）		6	Q0.5	手臂伸出电磁阀（6Y）	
7	I0.6	顶料复位检测（1B2）		7	Q0.6		
8	I0.7	挡料状态检测（2B1）		8	Q0.7		
9	I1.0	落料状态检测（2B2）		9	Q1.0	红色警示灯 AL1	按钮/指示灯模块
10	I1.1	摆动气缸左限位检测（3B1）		10	Q1.1	橙色警示灯 AL2	
11	I1.2	摆动气缸右限位检测（3B2）		11	Q1.2	绿色警示灯 AL3	
12	I1.3	手爪夹紧检测（4B）		12	Q1.3		
13	I1.4	手爪下降到位检测（5B1）		13	Q1.4		
14	I1.5	手爪上升到位检测（5B2）		14	Q1.5	正常工作指示灯 HL1	
15	I1.6	手臂缩回到位检测（6B1）		15	Q1.6	设备运行指示灯 HL2	
16	I1.7	手臂伸出到位检测（6B2）		16	Q1.7	设备故障指示灯 HL3	
17	I2.4	启动按钮（SB1）	按钮/指示灯模块				
18	I2.5	停止按钮（SB2）					
19	I2.6	急停按钮（QS）					
20	I2.7	单机/联机（SA）					

（二）绘制 PLC 控制电路图

按照所规划的 I/O 分配以及所选用的传感器类型绘制的装配单元 PLC 的 I/O 接线原理
图如图 4 - 16 所示。

（三）PLC 控制电路的电气接线和调试

1. 装置侧接线

一是把装配站各传感器信号线、电源线、0 V 线按规定接至装置侧左边较宽的接线端子
排；二是把装配站电磁阀的信号线接至装置侧右边较窄的接线端子排。

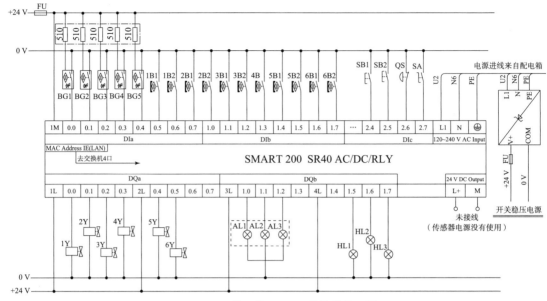

图 4-16 装配单元 PLC 的接线原理图

2. PLC 侧接线

PLC 侧接线包括电源接线、PLC 输入/输出端子的接线以及按钮/指示灯模块的接线 3 个部分。PLC 侧接线端子排为双层两列端子，左边较窄的一列主要接 PLC 的输出端口信号，右边较宽的一列接 PLC 的输入端口信号；两列中的下层分别接 24 V 电源和 0 V；左列上层接 PLC 的输出信号口，右列上层接 PLC 的输入信号口。PLC 的按钮接线端子连接至 PLC 的输入信号口，信号指示灯信号端子接至 PLC 的输出信号口。

3. 接线注意事项

装置侧接线端口中，输入信号端子的上层端子（24 V）只能作为传感器的正电源端，切勿用于连接电磁阀等执行元件的负载。电磁阀等执行元件的正电源端和 0 V 端应连接到输出信号端子下层的相应端子上。装置侧接线完成后，应用扎带绑扎，力求整齐、美观。电气接线的工艺应符合国家职业标准的规定，例如，导线连接到端子时，采用端子压接方法；连接线须有符合规定的标号；每一端子连接的导线不超过两根等。

4. 接线调试

电气接线的工艺应符合有关专业规范的规定。接线完毕，应借助 PLC 编程软件的状态监控功能校核接线的正确性。

电气接线完成后，应仔细调整各磁性开关的安装位置。E3Z-NA11 型光纤传感器采用 NPN 型晶体管输出，接线时应注意根据导线颜色判断电源极性和信号输出线，切勿把信号输出线直接连接到电源 +24 V 端。

（四）装配站的程序设计

程序设计的首要任务是理解装配单元的工艺要求和控制过程，在充分理解的基础上绘制程序流程图，然后根据流程图来编写程序，而不是单靠经验来编程，只有这样才能取得事半功倍的效果。

1. 顺序功能图

由装配站的工艺流程（见任务描述部分）可以绘制装配站的主程序、装配落料控制子程序和装配抓料控制子程序的顺序功能图，具体如图 4-17 ~ 图 4-19 所示。

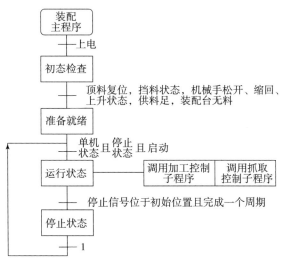

图 4-17　装配单元主程序顺序功能图

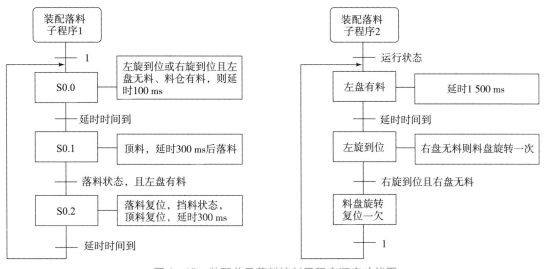

图 4-18　装配单元落料控制子程序顺序功能图

整个程序的结构包括主程序、装配落料控制子程序、装配抓料控制子程序和信号显示子程序。主程序是一个周期循环扫描的程序。通电后先进行初态检查，即检查顶料气缸缩回、挡料气缸伸出、机械手提升、机械手缩回、手爪松开、供料充足、装配台无料这 7 个状态是否满足要求。这 7 个条件中的任一条件不满足初态要求，均不能通过，也就是说不能启动装配站使之运行。如果初态检查通过，则说明设备准备就绪，允许启动。启动后，系统就处于运行状态，此时主程序每个扫描周期调用装配落料控制子程序、装配抓料控制子程序和信号显示子程序。

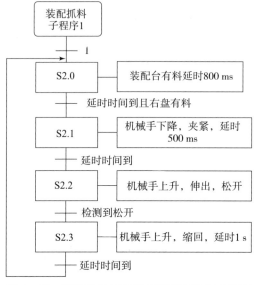

图 4-19　装配单元抓料控制子程序顺序功能图

装配落料控制子程序和装配抓料控制子程序均为步进程序，可以采用置位和复位方法来编程，也可以用西门子特有的顺序继电器指令（SCR 指令）来编程。装配落料控制子程序的编程思路如下：如果左料盘无料，则执行落料操作；如果左料盘有料、右料盘无料，则执行回转操作；如果左料盘有料、右料盘有料且回转盘处于回转状态，当右料盘无料时，则执行回转台复位操作。装配抓料控制子程序的编程思路如下：如果装配台有料且右料盘有料，则依次执行抓料、放料操作。抓料操作的方法是：机械手下降→手爪夹紧→机械手提升；放料操作的方法是：机械手伸出→机械手下降→手爪松开→机械手提升→机械手缩回。

信号显示子程序相对比较简单，可以根据项目的任务描述，用经验设计法来编程。

2. 梯形图程序

1）主程序（见图 4-20）

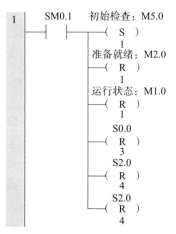

图 4-20　主程序梯形图

2　顶料复位　顶料状态　落料机构初:
检测: I0.6　检测: I0.7　M5.1
├─┤├──────┤├──────┤├────( )

3　手臂缩回到: 手爪上升到: 手爪夹紧检测: 机器手初始:
I0.6　I1.5　I1.3　M5.2
├─┤├──────┤├──────┤├──────┤├────( )

4　初始检测: 落料机构初: 机器手初始: 零件充足 装配台 准备就绪:
M5.0　M5.1　M5.2　检测: I0.0 工作: I0.4　M2.0
├─┤├──────┤├──────┤├──────┤├──────┤/├────(S)
　　　　　　　　　　　　　　　　　　　　　　1
　　　　　　　　　　　　　　　　　　　　初始检测:
　　　　　　　　　　　　　　　　　　　　M5.0
　　　　　　　　　　　　　　　　　　　　(R)
　　　　　　　　　　　　　　　　　　　　1

5　落料机构初: 机器手初始: 零件充足 装配台 运行状态: 准备就绪: 准备就绪:
M5.1　M5.2　检测: I0.0 工作: I0.4　M1.0　M2.0　M2.0
├─┤├──────┤├──────┤/├──────┤/├─|NOT|──┤/├──────┤├────(R)
　　　　　　　　　　　　　　　　　　　　　　　　　　　　　1

6　准备就绪: 零件有无 运行状态: 工作方式: 启动按钮: 运行状态:
M2.0　检测: I0.1　M1.0　I2.7　I2.5　M1.0
├─┤├──────┤├──────┤/├──────┤/├──────┤├────(S)
　　　　　　　　　　　　　　　　　　　　　　1
　　　　　　　　　　　　　　　　　　　　S0.0
　　　　　　　　　　　　　　　　　　　　(S)
　　　　　　　　　　　　　　　　　　　　1
　　　　　　　　　　　　　　　　　　　　S2.0
　　　　　　　　　　　　　　　　　　　　(S)
　　　　　　　　　　　　　　　　　　　　1

7　工作方式: 停止按钮: 运行状态:
I2.7　I2.4　M1.0　M1.1
├─┤├──────┤├──────┤├────(S)
　　　　　　　　　　　　1

8　运行状态: 急停按钮:
M1.0　I2.6
├─┤├──────┤├──────┬──────┤ 落料控制 │
　　　　　　　　　　　│EN │

　　　　　　　　　　　┤ 抓料控制 │
　　　　　　　　　　　│EN │

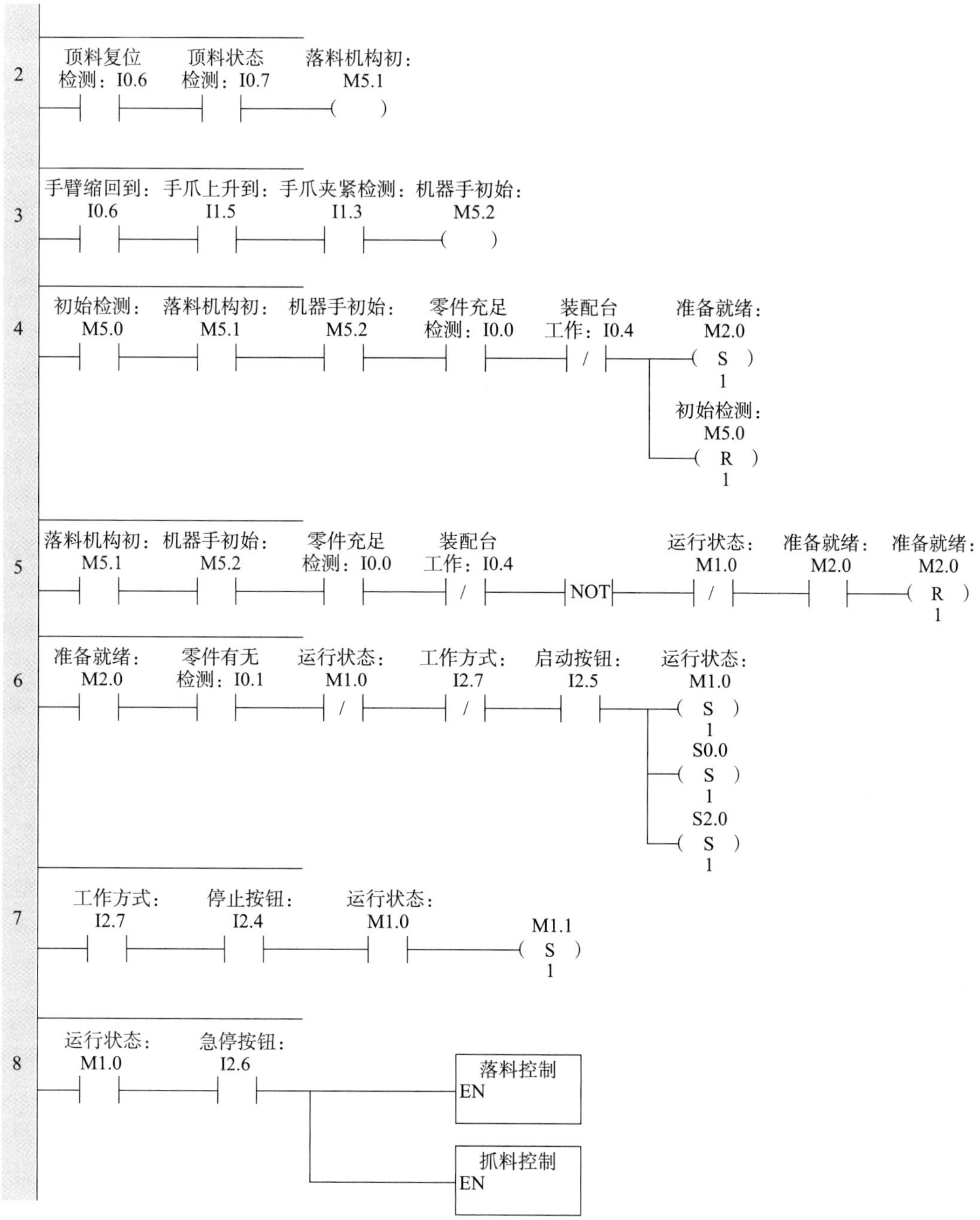

图 4-20　主程序梯形图（续）

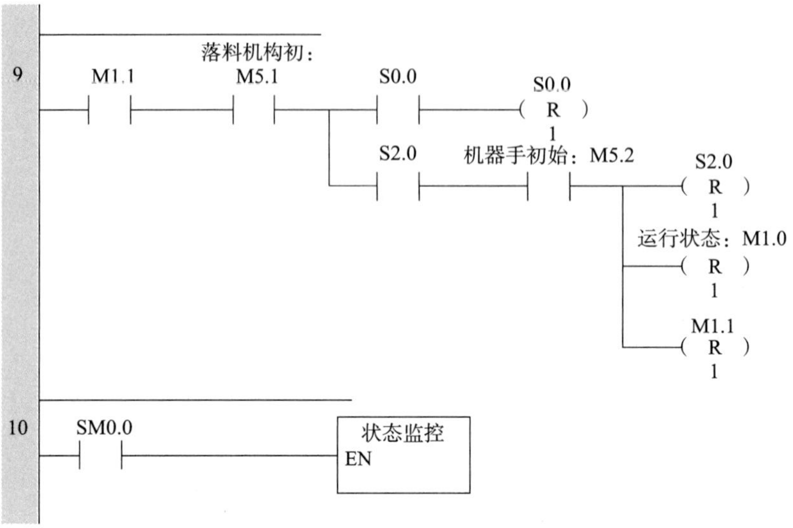

图 4 - 20　主程序梯形图（续）

2）装配落料控制子程序（见图 4 - 21）

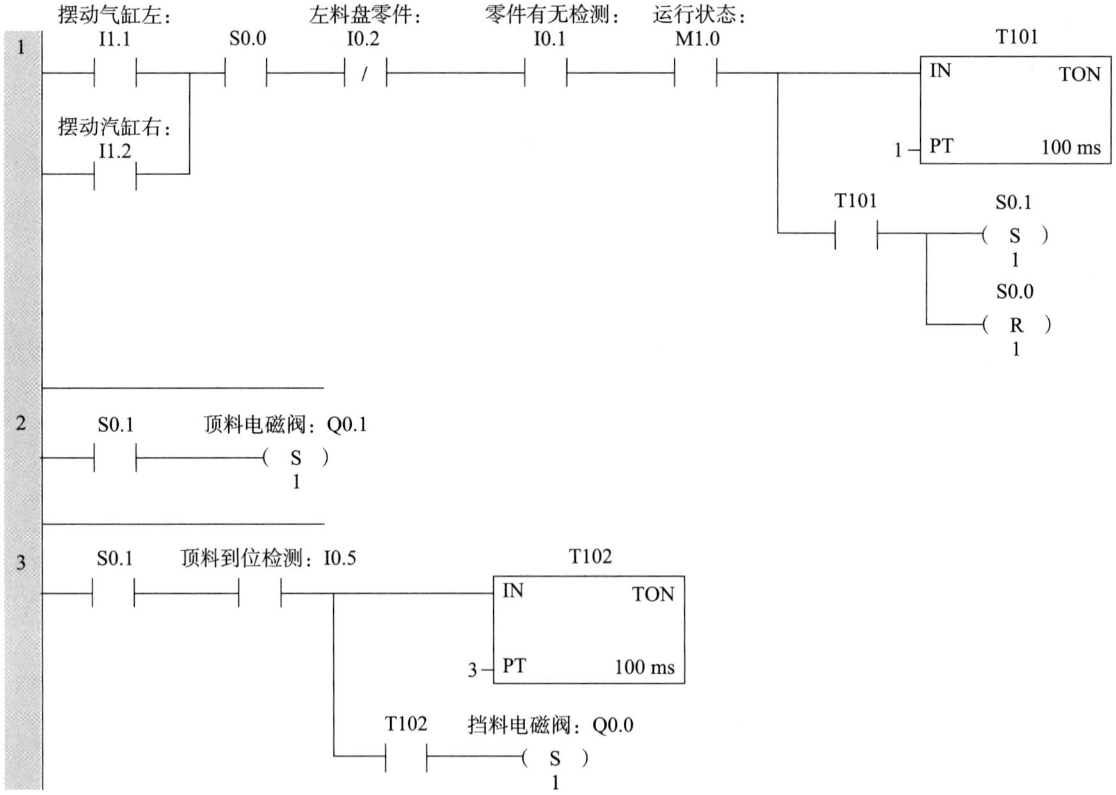

图 4 - 21　装配落料控制子程序梯形图

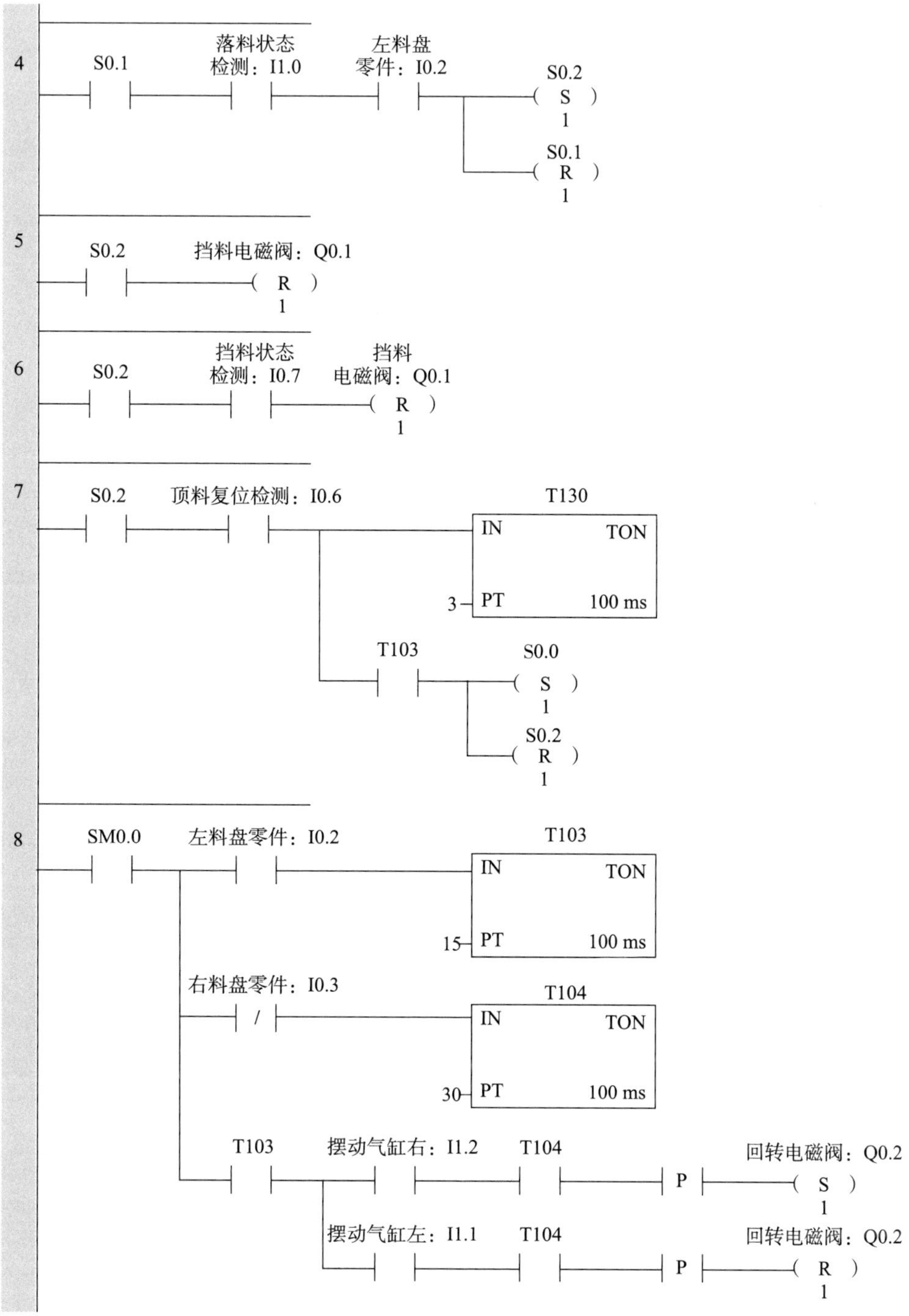

图 4 – 21　装配落料控制子程序梯形图 （续）

3）装配抓料控制子程序（见图4-22）

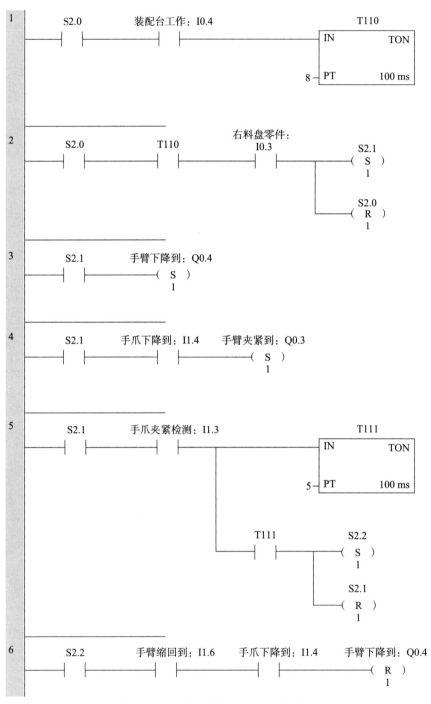

图4-22 装配抓料控制子程序梯形图

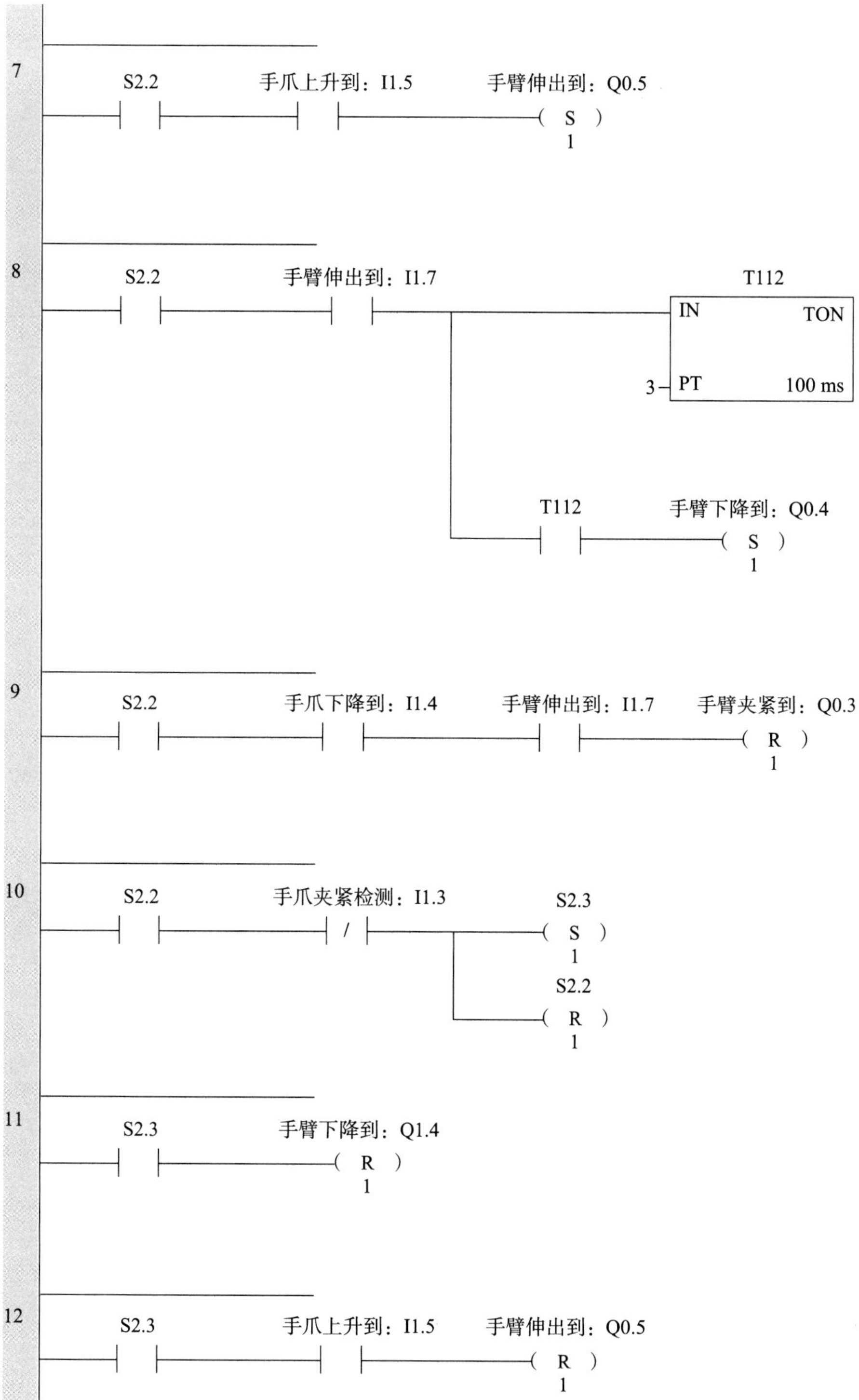

7 S2.2　　　手爪上升到：I1.5　　　手臂伸出到：Q0.5
　　┤├　　　　　┤├　　　　　　　──(S)
　　　　　　　　　　　　　　　　　　　　　1

8 S2.2　　　手臂伸出到：I1.7　　　　　　　　　　　　T112
　　┤├　　　　　┤├　　　　　　　　　　　　IN　　　TON

　　　　　　　　　　　　　　　　　　　3─PT　　　100 ms

　　　　　　　　　　　　T112　　　手臂下降到：Q0.4
　　　　　　　　　　　　┤├　　　　　　──(S)
　　　　　　　　　　　　　　　　　　　　　1

9 S2.2　　　手爪下降到：I1.4　　　手臂伸出到：I1.7　　　手臂夹紧到：Q0.3
　　┤├　　　　　┤├　　　　　　┤├　　　　　　──(R)
　　　　　　　　　　　　　　　　　　　　　　　　　1

10 S2.2　　　手爪夹紧检测：I1.3　　　S2.3
　　┤├　　　　　┤/├　　　　──(S)
　　　　　　　　　　　　　　　　　1
　　　　　　　　　　　　　　　　S2.2
　　　　　　　　　　　　　　──(R)
　　　　　　　　　　　　　　　　1

11 S2.3　　　手臂下降到：Q1.4
　　┤├　　　　　──(R)
　　　　　　　　　　1

12 S2.3　　　手爪上升到：I1.5　　　手臂伸出到：Q0.5
　　┤├　　　　　┤├　　　　　　──(R)
　　　　　　　　　　　　　　　　　1

图 4－22　装配抓料控制子程序梯形图（续）

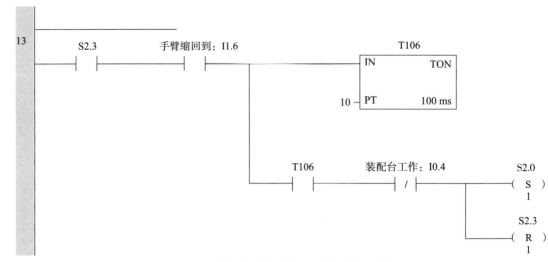

图 4-22 装配抓料控制子程序梯形图（续）

4）显示子程序（见图 4-23）

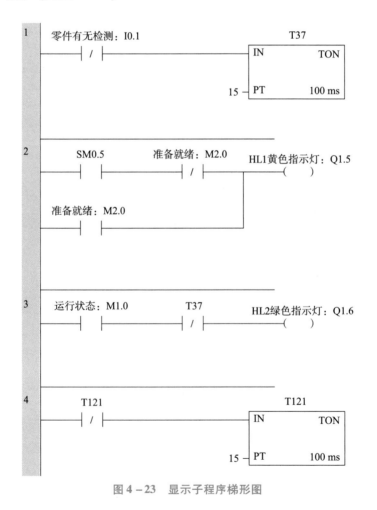

图 4-23 显示子程序梯形图

图 4 - 23　显示子程序梯形图（续）

3. 装配单元的 PLC 程序调试

在装配单元的硬件调试完毕，I/O 端口确保正常连接，程序设计完成后，就可以进行软件下载和调试了。调试步骤如下：

（1）用网线将 PLC 与 PC 相连，打开 PLC 编程软件，设置通信端口 IP 地址，建立上位机与 PLC 的通信连接。

（2）PLC 程序编译无误后将其下载至 PLC，并使 PLC 处于 RUN 状态。

（3）将程序调至监视状态，观察 PLC 程序的能流状态，以此来判断程序的正确与否，并有针对性地进行程序修改，直至装配单元能按工艺要求运行。程序每次修改后需对其进行重新编译并将其下载至 PLC。

五、任务检查

为保证任务能顺利可靠地开展下去，必须对任务的实施过程和结果进行检查。检查内容的设置原则主要包括两点：对影响到任务能否正常实施和完成质量的因素，要设置为检查内容，包括安全、操作、结果（中间结果和最终结果）等；所设置的检查内容应尽可能量化表达，以便于客观评价任务的实施。

本次任务的主要内容是：装配单元的 I/O 分配、安装接线、PLC 编程与调试，根据任务目标的具体内容，设置表 4 - 9 所示的检查表，在实施过程和终结时进行必要的检查并填报检查表。

表 4 - 9　装配单元的 PLC 编程与调试任务检查表

项目	分值	评分要点	检查情况	得分
完成 PLC 的 I/O 分配及接线端子分配	10	I/O 分配及接线端子分配合理		
完成系统安装接线，并校核接线的正确性	10	端子连接、插针压接牢固；每个接线柱不超过两根导线；端子连接处有线号；电路接线绑扎		
完成 PLC 程序编制	10	根据工艺要求编写程序		
完成系统调试与运行	40	根据工艺要求调试程序，运行正确		

项目	分值	评分要点	检查情况	得分
职业素养	30	分工合理，制订计划能力强，严谨认真；爱岗敬业，安全意识，责任意识，服从意识；团队合作，交流沟通，互相协作，分享能力；主动性强，保质保量完成工作页相关任务；能采取多样化手段收集信息、解决问题		
合计	100			

六、任务评价

严格按照任务检查表来完成本任务实训内容，教师对学生实训内容完成情况进行客观评价，评价表见表4-10。

表4-10　装配单元的 PLC 编程与调试任务评价表

评价项目	评价内容	分值	教师评价
职业素养 30 分	分工合理，制订计划能力强，严谨认真	5	
	爱岗敬业，安全意识，责任意识，服从意识	5	
	团队合作，交流沟通，互相协作，分享能力	5	
	遵守行业规范，现场 6S 标准	5	
	主动性强，保质保量完成工作页相关任务	5	
	能采取多样化手段收集信息、解决问题	5	
专业能力 60 分	PLC 的 I/O 分配及接线端子分配	15	
	系统安装接线，并校核接线的正确性	15	
	PLC 程序编制	15	
	系统调试与运行	15	
创新意识 10 分	创新性思维和行动	10	
合计		100	

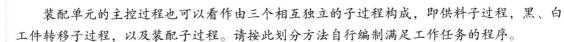

扩展提升

装配单元的主控过程也可以看作由三个相互独立的子过程构成，即供料子过程，黑、白工件转移子过程，以及装配子过程。请按此划分方法自行编制满足工作任务的程序。

项目5　分拣单元的安装与调试

项目目标

（1）了解分拣单元的基本结构，理解分拣单元的工作过程，掌握传感器技术、气动技术和变频技术的工作原理及其在分拣单元中的应用。

（2）能够熟练安装与调试分拣单元的机械、气路和电路，保证硬件部分正常工作；能够根据任务要求设置变频器的参数；能够根据分拣单元的工艺要求编写、调试PLC程序。

（3）培养学生的团队合作能力、时间观念；培养有担当、有抱负、有责任感的合格建设者和接班人。

项目描述

分拣单元是YL－335B型自动化生产线中的最末端单元，主要实现对上一单元送来的成品工件进行分拣，并将不同属性的工件从不同料槽分流的功能。根据实际安装与调试的工作过程，本项目主要考虑完成分拣单元机械部件的安装、气路连接和调整、装置侧与PLC侧的电气接线、变频器参数的设置以及PLC程序的编写，最终通过机电联调实现设备总工作目标：完成对白色工件、黑色工件和金属工件的分拣。

本项目设置了两个工作任务：

（1）分拣单元的硬件安装与调试；

（2）分拣单元的PLC程序编写与调试。

知识储备

（一）分拣单元的基本结构

分拣单元的硬件结构主要由机械部件、电气元件和气动部件构成。机械部件包括传送和分拣机构、传送带驱动机构、底板等。电气元件包括1个光电传感器、3个磁性传感器（也称为磁性开关）、2个光纤传感器（根据需要选择性安装）、1个金属传感器（根据需要选择性安装）、1个光电旋转编码器、1个变频器和1台减速三相异步电动机。气动部件包括3个双作用直线气缸、6个气缸节流阀和3个电磁阀组。分拣单元的外形结构如图5－1所示。

1. 传送和分拣机构

传送和分拣机构主要由传送带、出料滑槽、推料气缸、漫射式光电传感器、光纤传感器和磁性传感器等组成。传送带的作用是把机械手输送过来加工好的工件进行传输，并将其输送至分拣区。

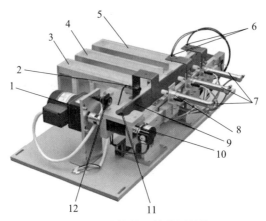

图 5-1　分拣单元的外形结构

1—三相异步电动机；2—金属传感器；3—分拣槽1；4—分拣槽2；5—分拣槽3；6—光纤传感器；

7—推料气缸；8—磁性开关；9—传送带；10—光电旋转编码器；11—分拣入料口；12—光电传感器

传送和分拣的工作原理：当输送站送来的工件放到分拣单元入料口时，入料口漫射式光电传感器检测到有工件，同时安装在入料口的光纤传感器检测工件的材质，将检测到的信号传输给 PLC。在 PLC 程序的控制下，启动变频器，电动机运转并驱动传送带工作，把工件带进分拣区，如果进入分拣区的工件为金属工件，则将金属工件推到 1 号槽里；如果进入分拣区的工件为白色工件，则将白色工件推到 2 号槽里；如果是黑色工件，则将黑色工件推到 3 号槽里。每当一个工件被推入料槽里，分拣单元完成一个工作周期，并等待下一个工件被放入分拣入料口。

2. 传送带驱动机构

传送带驱动机构主要由电动机支架、三相减速异步电动机、联轴器和传送带等组成。传送带由三相减速异步电动机来驱动，运行速度由变频器来控制，其机械结构如图 5-2 所示。

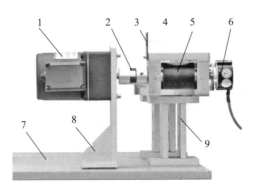

图 5-2　机械结构

1—三相减速电动机；2—联轴器；3—传感器安装支架；4—定位器；5—传送带；

6—光电旋转编码器；7—底板；8—电动机安装支架；9—传送带支架

（二）分拣单元的工作原理

若设备准备好，则按下启动按钮，系统启动，"设备运行"指示灯 HL2（绿色灯）常亮。当在分拣单元入料口通过人工放下已装配的工件时，变频器立即启动，三相异步电动机以 30 Hz 的频率驱动传送带使其将工件传入分拣区。

分拣原则如下：如果为金属工件，则该工件到达 1 号滑槽中间，传送带停止，工件被推到 1 号槽中；如果为白色工件，则该工件到达 2 号滑槽中间，传送带停止，工件被推到 2 号槽中；如果为黑色工件，则该工件到达 3 号滑槽中间，传送带停止，工件被推到 3 号槽中。工件被推出滑槽后，该工作站的一个工作周期结束。仅当工件被推出滑槽后，才能再次向传送带下料。

以上分拣原则是最基本的，读者在掌握其分拣原理的基础上，可以尝试进行带芯件工件的分拣和套件的分拣。

（三）传感器在分拣单元中的应用

分拣单元通常采用 1 个光电传感器、3 个磁性传感器（也称为磁性开关）、2 个光纤传感器（根据需要选择性安装）、1 个金属传感器（根据需要选择安装）和 1 个光电旋转编码器。光电传感器、磁性传感器和金属传感器的作用、原理参见项目 2 的相关内容，光纤传感器的作用、原理参见项目 4 的相关内容。

1. 光电传感器在分拣单元中的具体应用

安装在分拣单元入料口的光电传感器主要用于检测是否有工件进入分拣单元入料口，其检测原理如图 5-3 所示。

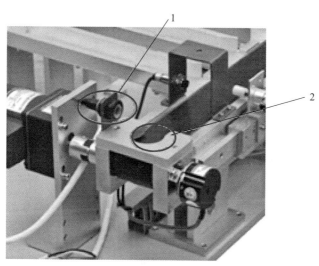

图 5-3　光电传感器在分拣单元中的应用

1—光电传感器；2—分拣单元入料口

2. 磁性传感器在分拣单元中的具体应用

分拣单元的 3 个磁性传感器分别用于检测 3 个推料气缸是否推料到位，如图 5-4 所示。

3. 金属传感器在分拣单元中的具体应用

在分拣单元的具体应用中，根据工作任务需要可以灵活安装金属传感器。金属传感器既可以用于检测分拣单元的工件是否为金属工件，也可以用于检测工件的芯件是否为金属芯件，如图 5-5 所示。

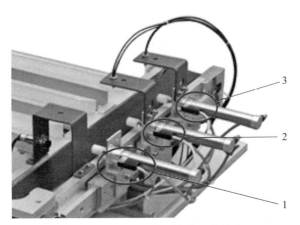

图5-4 磁性传感器在分拣单元中的应用

1—推料杆1的磁性开关；2—推料杆2的磁性开关；3—推料杆3的磁性开关

图5-5 金属传感器在分拣单元中的应用

1—检测金属工件；2—检测金属芯件

4. 光纤传感器在分拣单元中的具体应用

光纤传感器在分拣单元中主要用于检测分拣单元工件或芯件的颜色（黑色或白色）。

1）检测工件颜色

把光纤传感器安装在入料口导向板内，可以检测进入分拣单元的是白色工件还是黑色工件，如图5-6所示。若为白色工件，则光纤传感器动作指示灯点亮，说明检测到白色工件；若为黑色工件，则光纤传感器动作指示灯不亮，说明检测到黑色工件。

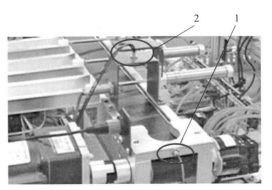

图5-6 光纤传感器在分拣单元中的应用

1—检测黑色或白色工件；2—检测黑色或白色芯件

2）检测芯件颜色

在分拣单元入料口与第 1 个分料槽之间的支架上安装光纤传感器，可以用于检测芯件的颜色，如图 5 - 6 所示。当芯件位于光纤传感器的正下方的检测范围内时，若光纤传感器动作，则表示检测到白色芯件；若光纤传感器不动作，则表示检测到黑色芯件。

5. 光电旋转编码器在分拣单元中的应用

旋转编码器是通过光电转换将输出至轴上的机械、几何位移量转换成脉冲或数字信号的传感器，主要用于速度或位置（角度）的检测。根据旋转编码器产生脉冲方式的不同，可以分为增量式、绝对式及混合式三大类，YL - 335B 型自动化生产线上只使用了增量式旋转编码器。

1）增量式旋转编码器的工作原理

增量式旋转编码器的原理示意图如图 5 - 7 所示，其主要由光栅盘和光电检测装置组成。光电检测装置由发光元件、光栏板和受光元件组成；光栅盘则是在一定直径圆板的外圆周上等分地开通若干个长方形狭缝，数量从几百到几千不等。由于光栅盘与电动机同轴，故当电动机旋转时，光栅盘与电动机同速旋转，发光元件发出的光线透过光栅盘和光栏板狭缝形成忽明忽暗的光信号，受光元件把这些光信号转换成电脉冲信号，由此，根据脉冲信号的数量便可推知转轴转动的角位移。

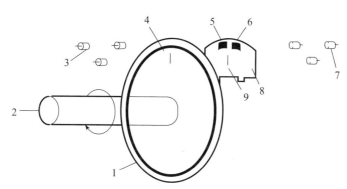

图 5 - 7　增量式旋转编码器的原理示意图

1—光栅盘；2—轴；3—受光元件；4—零位标志光槽；5—A 相狭缝；

6—B 相狭缝；7—发光元件；8—光栏板；9—Z 相狭缝

为了获得光栅盘所处的绝对位置，还必须设置一个基准点，即起始零点（Zero Point）。为此，在光栅盘边缘光槽内圈还设置了一个零位标志光槽，如图 5 - 7 所示，当光栅盘旋转一圈时，光线只有一次通过零位标志光槽照射到受光元件上，并产生一个脉冲，此脉冲即可作为起始零点信号。

旋转编码器的光栅盘狭缝数量决定了传感器的最小分辨角度，即分辨角 $\alpha = 360°/$狭缝数量。例如，若狭缝数量为 500 线，则分辨角 $\alpha = 360°/500 = 0.72°$。为了提供旋转方向的信息，光栏板上设置了两个狭缝——A 相狭缝和 B 相狭缝，A 相狭缝与 A 相发光元件、受光元件对应；同样，B 相狭缝与 B 相发光元件、受光元件对应。若两狭缝的间距与光栅间距 T 的比值满足一定关系，就能使 A 和 B 两个脉冲列在相位上相差 90°。当 A 相脉冲超前 B 相脉冲时，为正转方向；当 B 相脉冲超前 A 相脉冲时，则为反转方向。

A 相、B 相和 Z 相受光元件转换成的电脉冲信号经整形电路后，输出的方波脉冲如图 5 – 8 所示。

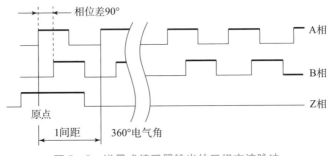

图 5 – 8　增量式编码器输出的三组方波脉冲

2）增量式旋转编码器在 YL – 335B 型自动化生产线上的应用

分拣单元选用具有 A、B 两相，且相位差为 90° 的旋转编码器计算工件在传送带上的位移。旋转编码器的外观和引出线定义如图 5 – 9 所示。

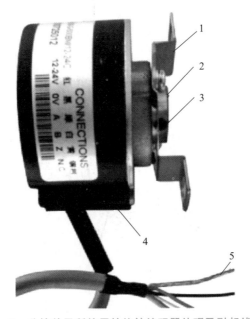

图 5 – 9　分拣单元所使用的旋转编码器外观及引起线说明

1—用于固定旋转编码器本体的板簧；2—旋转轴（空心轴型）；3—紧定螺孔；4—编码器本体；

5—引出线说明：屏蔽线接地；红、黑色引出线为电源线；黄、绿、白色引出线为信号输出线

与该旋转编码器相关的性能数据如下：工作电源为 DC12 ~ 24 V，工作电流为 10 mA，分辨率为 500 线（即每旋转一周产生 500 个脉冲）。A、B 两相及 Z 相均采用 NPN 型集电极开路输出。信号输出线分别由绿色、白色和黄色三根线引出，其中黄色线为 Z 相输出线。旋转编码器在出厂时，规定旋转方向为从轴侧看顺时针方向旋转为正向，此时绿色线输出信号将超前白色线输出信号 90°，因此规定绿色线为 A 相线，白色线为 B 相线。旋转编码器的使用应注意以下两点。

（1）所选用的旋转编码器旋转轴为中空轴形状（空心轴型），通过将传送带主动轴直接插入中空孔进行连接，可节省轴方向的空间。安装旋转编码器时，首先把旋转编码器旋转轴的中空孔插入传送带主动轴，拧紧旋转编码器轴端的紧定螺栓；然后将固定旋转编码器本体的板簧用螺栓连接到进料口U形板的两个螺孔上（注意：不要完全紧定），接着用手拨动电动机轴使旋转编码器轴随之旋转，调整板簧位置，直到旋转编码器无跳动，再紧定两个螺栓。

2）由于该旋转编码器的工作电流达110 mA，故进行电气接线时须特别注意，旋转编码器的正极电源引线（红色）须连接到装置侧接线端子排的+24 V稳压电源端子上，不宜连接到带有内阻的传感器电源端子V_{CC}上，否则工作电流在内阻上压降过大，将使旋转编码器不能正常工作。

3）工件在传送带上位移的计算

分拣单元的传送带驱动电动机旋转时，与电动机同轴连接的旋转编码器即向PLC输出表征电动机轴角位移的脉冲信号，由PLC的高速计数器实现角位移的计数。如果传送带没有打滑现象，则工件在传送带上的位移量与脉冲数就具有一一对应的关系，因此传送带上任一点对进料口中心点（原点）的坐标值可直接用脉冲数表达，PLC程序则根据坐标值的变化计算出工件的位移量。

脉冲数与位移量的对应关系：分拣单元主动轴的直径d约为43 mm，则减速电动机每旋转一周，传送带上工件移动的距离$L = \pi d = 3.14 \times 43$ mm $= 135.02$ mm。这样，每两个脉冲之间的距离即脉冲当量$\mu = L/500 \approx 0.27$ mm，根据μ值就可以计算任意脉冲数与位移量的对应关系。例如，按图5-10所示的安装尺寸，当工件从进料口中心线（原点位置）移至第一个推料气缸中心点时，旋转编码器约发出622个脉冲；移至第二个推料气缸中心点时，约发出962个脉冲；移至第三个推料气缸中心点时，约发出1 303个脉冲。

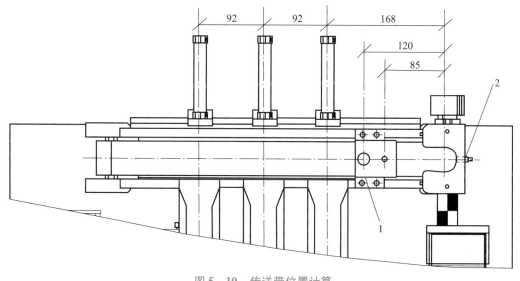

图5-10　传送带位置计算

1—传感器支架；2—光纤传感器

应该指出的是，上述脉冲当量的计算只是理论上的。实际上各种误差因素不可避免，例如，传送带主动轴直径（包括传送带厚度）的测量误差及传送带的安装偏差、张紧度等都将影响理论计算值，经此计算得出的各特定位置（各推料气缸中心、检测区出口、各传感器中心相对于进料口中心的位置坐标）的脉冲数同样存在误差，因而只是估算值。实际调试时，宜以这些估算值为基础，通过简单现场测试，综合考虑高速计数器倍频选择，以获得的准确数据作为控制程序编写的依据。

（四）气动元件在分拣单元中的应用

分拣单元中用到的气动元件主要有双作用直线气缸、节流阀和电磁阀组等。其中双作用直线气缸、节流阀和电磁阀的原理及作用参见项目2的相关内容。

分拣单元采用3个双作用直线气缸分别安装在3个分料槽的入口前方，这3个气缸分别由3个二位五通单控电磁阀组来控制。

（五）MM420变频器在分拣单元中的应用

变频器是分拣单元中的一个重要设备，它可以根据不同的分拣需要，灵活控制减速电动机的启动、停止、正转、反转，以及运行速度（0~50 Hz）。

（六）S7-200 SMART高速计数器在分拣单元中的应用

S7-200 SMART CPU提供了4个高速计数器（HSC0~HSC3）。相对于普通计数器，高速计数器用于频率高于机内扫描频率的机外脉冲计数。由于计数信号频率高，故S7-200 SMART CPU采用硬件计数而独立于扫描周期实现。HSC0~HSC3最高可以测量200 kHz（标准型CPU，单相）的脉冲信号。

1. 高速计数器的选用

各种编号的高速计数器都占用相对应的输入点，并且还有相对应的计数工作模式，表5-1给出了三者之间的关系。

表5-1　高速计数器的编号、输入点地址、计数模式之间的关系

	说明	输入分配		
计数模式	HSC0	I0.0	I0.1	I0.4
	HSC1	I0.1	—	—
	HSC2	I0.2	I0.3	I0.5
	HSC3	I0.3		
模式0	具有内部方向控制的单相计数器	脉冲	—	—
模式1		脉冲	—	复位
模式3	具有外部方向控制的单相计数器	脉冲	方向	—
模式4		脉冲	方向	复位
模式6	具有两个脉冲输入的双相计数器	增脉冲	减脉冲	—
模式7		增脉冲	减脉冲	复位

| 模式 9 | A/B 相正交计数器 | A 相脉冲 | B 相脉冲 | — |
| 模式 10 | A/B 相正交计数器 | A 相脉冲 | B 相脉冲 | 复位 |

由表 5-1 可见，HSC1 和 HSC3 在 PLC 中只分配了一个输入点的地址，因此，只可以选择计数模式 0；HSC0 和 HSC2 分配了三个输入点的地址，可以工作于表中所列的 8 种计数模式。

可见，使用高速计数器时应先根据计数输入信号的形式与要求确定工作模式，然后选择计数器编号，确定输入地址，只有 PLC 分配了相应的输入点才能工作于对应的计数模式。例如，在分拣单元中，计数输入是由编码器提供的 A、B 相正交信号，且不需要外部复位命令，因此选用模式 9，从而可选用高速计数器 HSC0，PLC 应分配 I0.0 和 I0.1 为输入点。

2. 高速计数器的控制

S7-200 SMART 系列 PLC 的每个高速计数器都需要占用连续 10B 的内部系统标志寄存器，地址范围固定为 SMB36~SMB45（HSC0）、SMB46~SMB55（HSC1）、SMB56~SMB65（HSC2）、SMB136~SMB145（HSC3）。内部系统标志寄存器可为各高速计数器提供组态和操作，它们的作用及分配见表 5-2。

表 5-2　内部系统标志寄存器的作用及分配

作用	内部标志寄存器分配			
	HSC0	HSC1	HSC2	HSC3
计数器状态输出（1B）	SMB36	SMB46	SMB56	SMB136
计数器控制信号（1B）	SMB37	SMB47	SMB57	SMB137
当前计数值（2字，连续4B）	SMD38	SMD48	SMD58	SMD138
计数预设值（2字，连续4B）	SMD42	SMD52	SMD62	SMD142

1）计数器控制信号

每个高速计数器都需要 1B 的控制信号，4 个高速计数器的控制字节详见表 5-3。

表 5-3　高速计数器控制字节

HSC0	HSCl	HSC2	HSC3	说明
SM37.3	SM47.3	SM57.3	SM137.3	计数方向控制位
SM37.4	SM47.4	SM57.4	SM137.4	0 = 减计数，1 = 加计数
SM37.5	SM47.5	SM57.5	SM137.5	向 HSC 写入计数方向
SM37.6	SM47.6	SM57.6	SM137.6	0 = 不更新，1 = 更新方向向 HSC 写入新预设值
SM37.7	SM47.7	SM57.7	SM137.7	0 = 不更新，1 = 更新预设值向 HSC 写入新当前值

2）高速计数器寻址

每个高速计数器都有一个初始值和一个预设值，它们都是 32 bit 有符号的整数。初始值是高速计数器计数的起始值，预设值是计数器运行的目标值，必须先设置控制字节以允许高速计数器装入新的初始值和预设值，并且把初始值和预设值存入特殊存储器中；然后执行 HSC 指令使其有效，当前实际计数值等于预设值时，就会触发一个内部中断事件，当计数值达到最大值时会自动翻转，从负的最大值正向计数。以 HSC0 为例，其当前值是一个 32 bit 的有符号整数，从 HSC0 读取。高速计数器当前值、初始值与预设值见表 5 – 4。

表 5 – 4　高速计数器当前值、初始值与预设值

项目	HSC0 地址	HSC1 地址	HSC2 地址	HSC3 地址
当前值	HC0	HC1	HC2	HC3
初始值	SMD38	SMD48	SMD58	SMD138
预设值	SMD42	SMD52	SMD62	SMD142

3. 高速计数器的编程

1）两种方式

有两种方式可以对高速计数器进行编程组态：向导或者直接设置控制字。

（1）使用向导方式对高速计数器进行组态编程的具体步骤如下。

①在 STEP7 – Micro/WIN SMART 软件"工具"菜单功能区的"向导"区域中选择"高速计数器"。

②在 STEP7 – Micro/WIN SMART 项目树的"向导"文件夹中双击"高速计数器"。

（2）使用直接设置控制字方式对高速计数器进行编程的具体步骤如下。

①在 SM 存储器中设置控制字节。

②在 SM 存储器中设置当前值（起始值）。

③在 SM 存储器中设置预设值（目标值）。

④分配并启用相应的中断例程。

⑤定义计数器和模式（对每个计数器只执行一次 HDEF 指令）。

⑥激活高速计数器（执行 HSC 指令）。

两种方式均可，但更推荐用户使用向导生成程序。向导组态相对于设置控制字编程，用户可以更加直观地定义功能并最大限度地减小出错概率。但无论选择哪种方式，都必须先进入系统块对选定的高速计数器输入点进行滤波时间设置，如图 5 – 11 所示。

高速计数器输入点的滤波时间与可检测到的最大频率的关系如图 5 – 12 所示。按分拣单元三相异步电动机同步转速为 1 500 r/min，即 25 r/s，考虑减速比为 1 : 10，可知分拣单元主动轴转速理论最大值为 2.5 r/s，旋转编码器为 500 线（500 脉冲数/r），所以 PLC 脉冲输入的最大频率为 $2.5 \times 500 = 1\ 250$ 脉冲数/s，即 1.25 kHz，而实际运行达不到此速度，故可选 0.4 ms。

2）向导组态

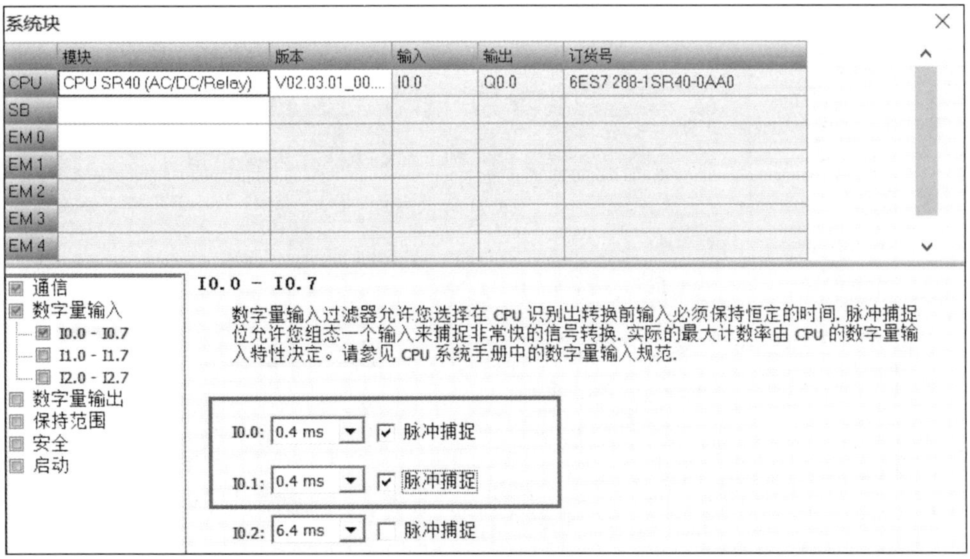

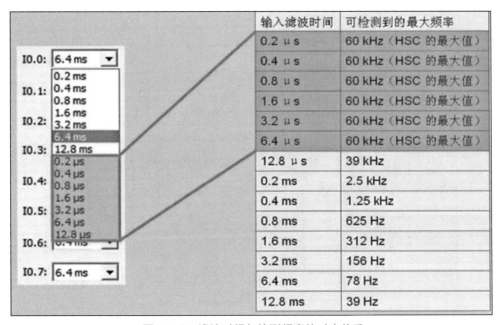

图 5-11 高速计数器输入点滤波时间设置

图 5-12 滤波时间与检测频率的对应关系

向导组态可以使用户快速地根据工艺配置高速计数器。向导组态完成后,用户可直接在程序中调用向导生成的子程序,也可将生成的子程序根据自己的要求进行修改,从而为用户提供灵活的编程方式。通过向导组态编程的步骤如下。

(1)在弹出的"高速计数器向导"对话框中选择需要组态的高速计数器,本项目选择HSC0,如图 5-13 所示。

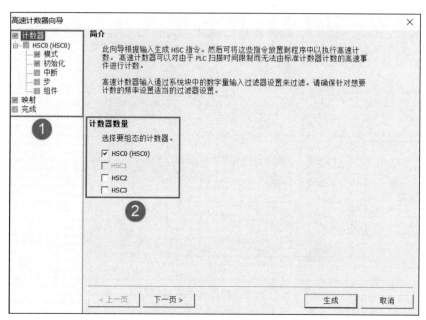

图 5 – 13　组态高速计数器

（2）高速计数器的模式选择。如图 5 – 14 所示，在下拉菜单中可选择模式 0、1、3、4、6、7、9、10，本项目选择模式 9。

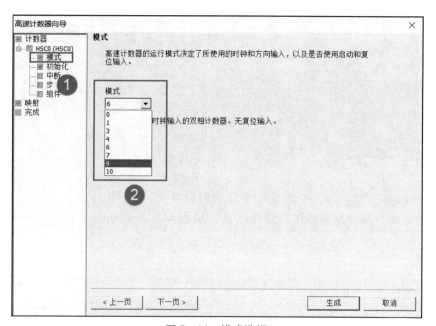

图 5 – 14　模式选择

（3）高速计数器初始化组态。本项目设置如图 5 – 15 所示，各选项具体含义如下。

①高速计数器初始化设置。

②初始化子程序名。

③预设值（PV）：用于产生预设值（CV = PV）中断。

④当前值（CV）：设置当前计数器的初始值，可用于初始化或复位高速计数器。

⑤输入初始计数方向：对于没有外部方向控制的计数器，需要在此定义计数器的计数方向。

⑥复位信号电平选择，若有外部复位信号，则需要选择复位的有效电平，上限为高电平有效，下限为低电平有效。

⑦A、B相计数时的倍速选择，可选择1倍速（1×）与4倍速（4×）。当选择1倍速时，相位相差90°的两个脉冲输入后，计数器值加1；当选择4倍速时，相位相差90°的两个脉冲输入后，计数器值加4。由于其对两个脉冲的上升沿和下降沿分别进行计数，所以可提升旋转编码器的分辨率。

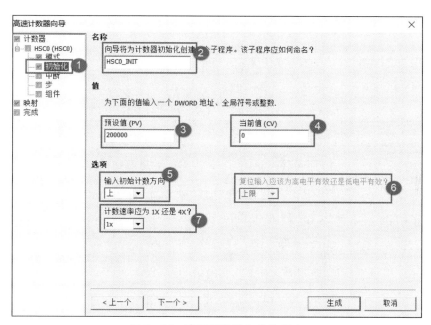

图5-15　高速计数器初始化组态

（4）I/O映射表。如图5-16所示，I/O映射表中显示了所使用的HSC资源及其占用的输入点，同时显示了根据滤波器的设置，当前计数器所能达到的最大计数频率。由于CPU的HSC输入需要经过滤波器，所以在使用HSC之前一定要注意所使用输入点的滤波时间。

（5）生成代码。在图5-16所示界面中，选择"完成"页，单击下方的"生成"按钮，项目中便生成了高速计数器的初始化子程序"HSC0_INIT"。在项目树的程序块中，右击生成的HSC_INIT子程序，在弹出的快捷菜单中选择"打开"命令，即可在程序编辑器中打开对应的子程序，见表5-5。

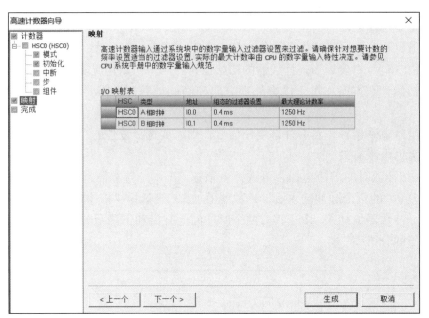

图 5 – 16　I/O 映射表

表 5 – 5　初始化子程序"HSC0_INIT"

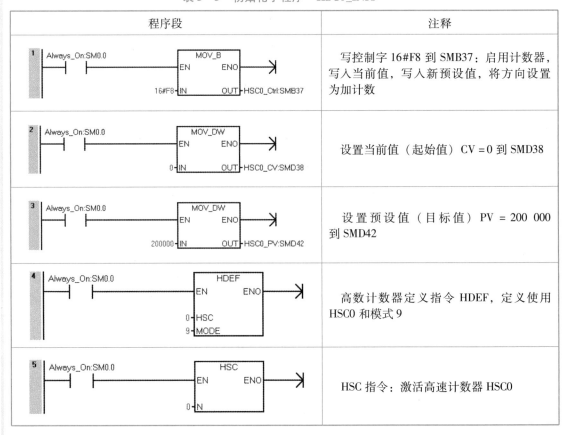

程序段	注释
1　Always_On:SM0.0　MOV_B　EN ENO　16#F8 - IN　OUT - HSC0_Ctrl:SMB37	写控制字 16#F8 到 SMB37：启用计数器，写入当前值，写入新预设值，将方向设置为加计数
2　Always_On:SM0.0　MOV_DW　EN ENO　0 - IN　OUT - HSC0_CV:SMD38	设置当前值（起始值）CV = 0 到 SMD38
3　Always_On:SM0.0　MOV_DW　EN ENO　200000 - IN　OUT - HSC0_PV:SMD42	设置预设值（目标值）PV = 200 000 到 SMD42
4　Always_On:SM0.0　HDEF　EN ENO　0 - HSC　9 - MODE	高数计数器定义指令 HDEF，定义使用 HSC0 和模式 9
5　Always_On:SM0.0　HSC　EN ENO　0 - N	HSC 指令：激活高速计数器 HSC0

高速计数器的两个指令 HDEF 和 HSC 原则上只需调用一个扫描周期，如果每个扫描周期都调用，高速计数器将会一直处于初始化状态，导致无法计数。所以，主程序在调用高数计数器组态子程序时，应注意此点。

（七）相关专业术语

（1）conveyor belt：传送带；

（2）diffusion photoelectric sensor：漫射式光电传感器；

（3）proximity switch：接近开关；

（4）fibre optic sensor：光纤传感器；

（5）rotary encoder：旋转编码器；

（6）sensor bracket：传感器支架；

（7）frequency converter：变频器；

（8）reduction motor：减速电动机；

（9）electromagnetic valve：电磁阀；

（10）pushing cylinder：推料气缸；

（11）coupling：联轴器；

（12）positioning board：定位板。

任务1　分拣单元的硬件安装与调试

一、任务目标

将分拣单元的机械部分拆开成组件和零件的形式，然后再组装成原样。

根据项目的任务描述，本任务需要完成的工作如下：

（1）分拣单元的机械安装与调试；

（2）分拣单元的气路连接与调试；

（3）分拣单元的传感器安装与调试；

（4）分拣单元的变频器安装与调试；

（5）培养学生的团队合作能力及时间观念。

二、任务计划

根据任务需求，完成分拣单元的硬件安装与调试，撰写实训报告，并制订表5-6所示的任务工作计划。

表5-6　分拣单元的硬件安装与调试任务的工作计划

序号	项目	内容	时间/min	人员
1	分拣单元的硬件安装与调试	分拣单元的机械安装与调试	30	全体人员
		分拣单元的气路连接与调试	30	全体人员
		分拣单元的传感器安装与调试	30	全体人员
		分拣单元的变频器安装与调试	30	全体人员

序号	项目	内容	时间/min	人员
2	撰写实训报告	简述分拣单元的机械安装过程	8	全体人员
		简述分拣单元的气路连接过程	8	全体人员
		简述分拣单元的硬件调试过程	8	全体人员
		简述分拣单元的传感器安装过程	8	全体人员
		简述分拣单元的变频器安装过程	8	全体人员

三、任务决策

按照工作计划表，按小组实施分拣单元的硬件安装与调试，完成任务并提交实训报告。

四、任务实施

任务实施前指导教师必须强调做好安装前的准备工作，使学生养成良好的工作习惯，并进行规范的操作，这是培养学生良好工作素养的重要步骤。

（1）安装前，应对设备的零部件做初步检查以及必要的调整。

（2）工具和零部件应合理摆放，操作时将每次使用完的工具放回原处。

（一）机械的安装和调试

（1）带传动机构的安装步骤见表5－7。

表5－7　带传动机构的安装步骤

步骤	说明	示意图	安装注意事项
1	传送带侧板、传送带托板组件装配		传送带托板与传送带两侧板的固定位置要调整好，以免传送带安装后凹入侧板表面，导致传送时工件被卡住
2	套入传送带		—
3	安装主动轮组件		主动轴和从动轴的安装位置不能错，主动轴和从动轴安装板的位置不能相互调换
4	安装从动轮组件		

步骤	说明	示意图	安装注意事项
5	安装传送带组件		—
6	将传送带组件安装在底板上		在底板上安装传送带组件并调整传送带张紧度。应注意传送带张紧度要调整适中，并保证主动轴和从动轴平行
7	装配联轴器		—
8	连接驱动电动机组件与传送带组件		①将联轴器套筒固定在传送带主动轴上，套筒与轴承座距离为 0.5 mm（用塞尺测量）。 ②电动机预固定在支架上，不要完全紧定，然后将联轴器套筒固定在电动机主轴上，接着把组件安装到底板上，同样不要完全紧定。 ③将弹性滑块放入传送带主动轴套筒内，沿支架上下移动电动机，使两套筒对准。 ④套筒对准之后，紧定电动机与支座连接的4个螺栓；用手扶正电动机之后，紧定支座与底板连接的两个螺栓

（2）分拣机构的安装步骤见表5-8。

表5-8 分拣机构的安装步骤

步骤	说明	示意图
1	安装滑动导轨和可滑动气缸支座	

步骤	说明	示意图
2	装配出料槽及支撑板	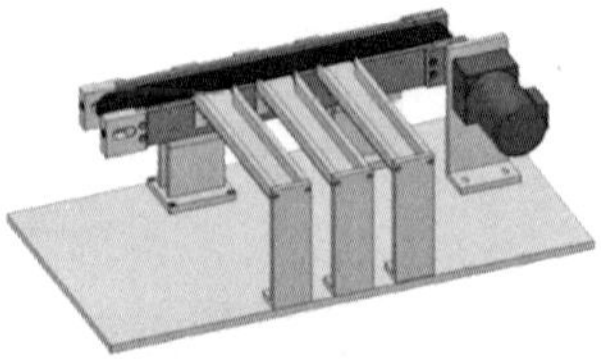
3	安装推料气缸	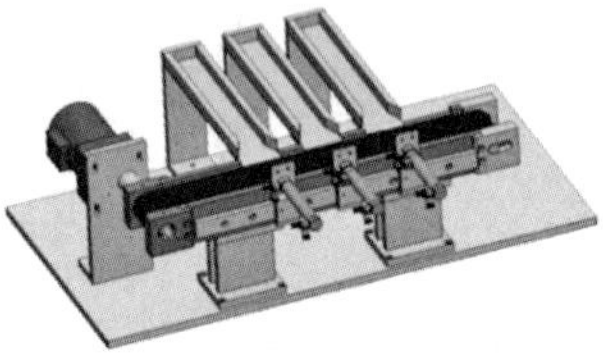
4	安装 U 形板及传感器支架	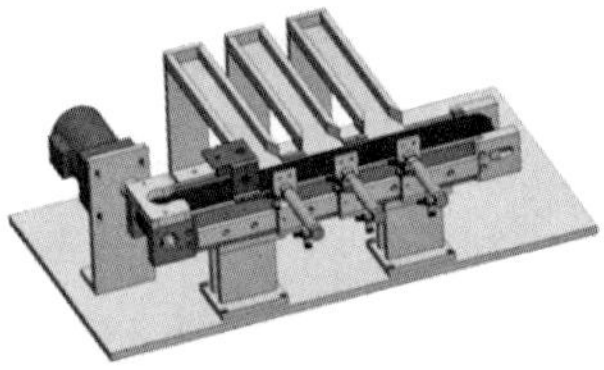
5	安装编码器	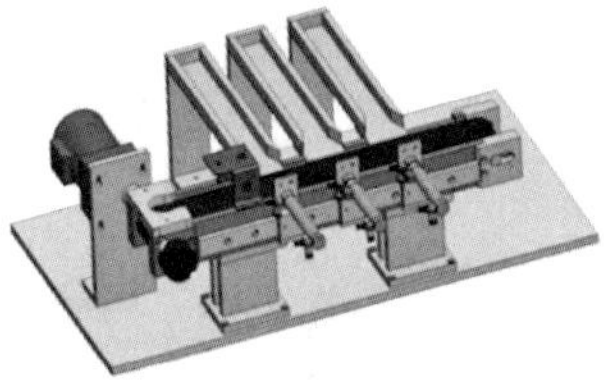
6	安装传感器、电磁阀组及接线端口	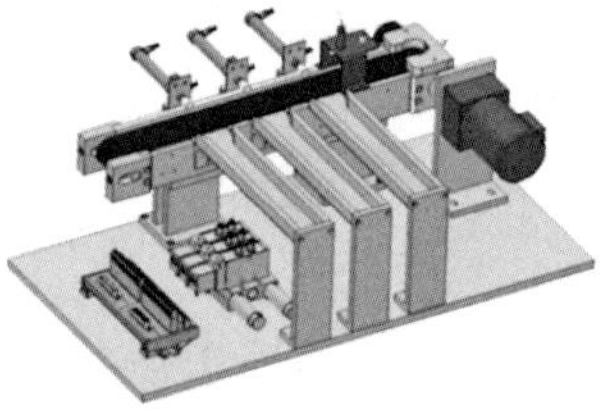

2. 机械调试

适当调整紧固件和螺钉，保证分拣单元的传送机构能平稳传送，不打滑；保证 3 个推料气缸的推料杆在 3 个分拣槽的中心位置，并且位置准确，所有紧固件不能松动。

（二）气路的连接和调试

1. 气路连接

三个出料滑槽的推料气缸都是直线气缸，它们分别由三个带手控开关的二位五通单电控电磁阀驱动，实现将停止在气缸前面的待分拣工件推入出料滑槽的功能。分拣单元气动控制回路的工作原理如图 5-17 所示，按照工作原理图连接气路。

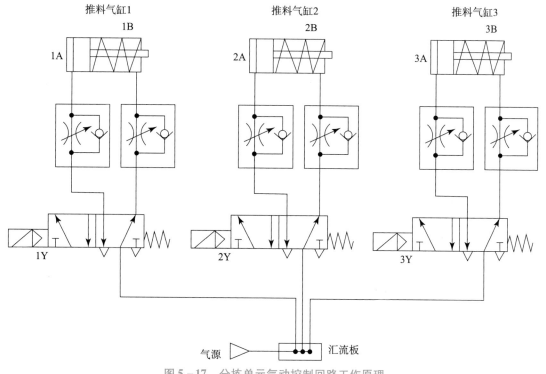

推料气缸1　　　　　　　推料气缸2　　　　　　　推料气缸3

1B　　　　　　　　　　　2B　　　　　　　　　　　3B

1A　　　　　　　　　　　2A　　　　　　　　　　　3A

1Y　　　　　　　　　　　2Y　　　　　　　　　　　3Y

气源　　　　　　　　汇流板

图 5 - 17　分拣单元气动控制回路工作原理

安装注意事项：

（1）一个电磁阀的两根气管只能连接至一个气缸的两个端口，不能使一个电磁阀连接至两个气缸或使两个电磁阀连接至一个气缸。

（2）接入气管时，插入节流阀的气孔后确保其不能被拉出，而且保证不能漏气。

（3）拔出气管时，先要用左手按下节流阀气孔上的伸缩件，右手轻轻拔出即可，切不可直接用力强行拔出，否则会损坏节流阀内部的锁扣环。

（4）连接气路时，最好进、出气管用两种不同颜色的气管来连接，以方便识别。

（5）气管的连接应做到走线整齐、美观，扎带绑扎距离保持在 4 ~ 5 cm 为宜。

2. 气路调试

按照图 5 - 17 所示的气动控制回路工作原理图连接气路，然后接通气源，用电磁阀上的手动换向按钮验证各推料气缸的初始位置和动作位置是否正确，调整各气缸节流阀，使得气缸动作时无冲击和卡滞现象。

五、任务检查

为保证任务能顺利可靠地开展下去，必须对任务的实施过程和结果进行检查。检查内容的设置原则主要包括两点：对影响到任务能否正常实施和完成质量的因素，要设置为检查内容，包括安全、操作、结果（中间结果和最终结果）等；所设置的检查内容应尽可能量化表达，以便于客观评价任务的实施。

本次任务的主要内容是：分拣单元的机械、气路安装、调试，根据任务目标的具体内容，设置表 5 - 9 所示的检查表，在实施过程和终结时进行必要的检查并填报检查表。

表 5 - 9　分拣单元的硬件安装与调试任务检查表

项目	分值	评分要点	检查情况	得分
分拣单元的机械安装与调试	30	安装正确，动作顺畅，紧固件无松动		
分拣单元的气路连接与调试	20	气路连接正确、美观，无漏气现象，运行平稳		
分拣单元的传感器安装与调试	20	安装正确，位置合理		
职业素养	30	分工合理，制订计划能力强，严谨认真；爱岗敬业，安全意识，责任意识，服从意识；团队合作，交流沟通，互相协作，分享能力；主动性强，保质保量完成工作页相关任务；能采取多样化手段收集信息、解决问题		
合计	100			

六、任务评价

严格按照任务检查表来完成本任务的实训内容，教师对学生实训内容完成情况进行客观评价，评价表如表 5 - 10。

表 5 - 10　分拣单元的硬件安装与调试任务评价表

评价项目	评价内容	分值	教师评价
职业素养 30 分	分工合理，制订计划能力强，严谨认真	5	
	爱岗敬业，安全意识，责任意识，服从意识	5	
	团队合作，交流沟通，互相协作，分享能力	5	
	遵守行业规范，现场 6S 标准	5	
	主动性强，保质保量完成工作页相关任务	5	
	能采取多样化手段收集信息、解决问题	5	
专业能力 60 分	分拣单元的机械安装与调试	20	
	分拣单元的气路连接与调试	20	
	分拣单元的传感器安装与调试	20	
创新意识 10 分	创新性思维和行动	10	
合计		100	

扩展提升

总结供分拣单元机械安装、电气安装、气路安装及其调试的过程和经验。

任务 2　分拣单元的 PLC 编程与调试

一、任务目标

（1）完成 PLC 的 I/O 分配及接线端子分配。

（2）完成系统安装接线，并校核接线的正确性。

（3）完成 PLC 程序编制。

（4）完成系统调试与运行。

（5）培养有担当、有抱负、有责任感的合格建设者和接班人。

根据项目的任务目标，本任务需要完成的工作如下：

在分拣单元装置侧安装完成的基础上，本任务主要考虑 PLC 侧的电气接线、程序编写、参数设置、系统机电联调，最终实现设备工作目标：完成对白色工件、黑色工件和金属工件的分拣，并根据工件属性的不同，分别推入 1 号、2 号和 3 号出料滑槽中。具体要求如下。

（1）设备上电且气源接通后，若分拣单元的三个气缸均处于缩回位置，电动机为停止状态，且传送带进料口没有工件，则"准备就绪"指示灯 HL1 常亮，表示设备准备好；否则，指示灯 HL1 以 1 Hz 的频率闪烁。

（2）若设备准备好，则按下 SB1 按钮，系统启动，"设备运行"指示灯 HL2 常亮，HL1 熄灭。当进料口传感器检测到进料口有料时，变频器启动，驱动传送带运转，带动工件首先进入检测区，经传感器检测获得工件属性，然后进入分拣区进行分拣。

当满足某一出料滑槽推入条件的工件到达该出料滑槽的中间位置时，传送带停止，相应气缸活塞杆伸出，将工件推入滑槽中。气缸复位后，分拣单元的一个工作周期结束，此时可再次向传送带送料，开始下一工作周期。

（3）如果在运行期间再次按下 SB1 按钮，则该工作单元在本工作周期结束后停止运行，"设备运行"指示灯 HL2 熄灭。

二、任务计划

根据任务需求，完成分拣单元的 PLC 编程与调试，撰写实训报告，并制订表 5-11 所示的任务工作计划。

表 5-11　分拣单元的 PLC 编程与调试任务的工作计划

序号	项目	内容	时间/min	人员
1	分拣单元的 PLC 编程与调试	完成 PLC 的 I/O 分配及接线端子分配	30	全体人员
		完成系统的安装接线，并校核接线的正确性	30	全体人员
		完成 PLC 的程序编制	30	全体人员
		完成系统的调试与运行	30	全体人员

序号	项目	内容	时间/min	人员
2	撰写实训报告	绘制 PLC 的 I/O 分配表	10	全体人员
		绘制系统安装接线图	10	全体人员
		编写 PLC 梯形图程序	10	全体人员
		描述系统调试过程	10	全体人员

三、任务决策

按照工作计划表，按小组实施分拣单元的 PLC 编程与调试，完成任务并提交实训报告。

四、任务实施

（一）分拣单元接线端口信号端子的分配

1. 装置侧的接线端口信号端子的分配

一是把分拣单元各传感器信号线、电源线、0 V 线按规定接至装置侧左边较宽的接线端子排；二是把分拣单元电磁阀的信号线接至装置侧右边较窄的接线端子排。光纤传感器 1 用于检测进料口工件，光纤传感器 2 用于检测芯件的颜色属性，电感传感器用于检测金属芯件。分拣单元装置侧的接线端口信号端子的分配见表 5－12。

表 5－12　分拣单元装置侧的接线端口信号端子的分配

输入端口中间层			输出端口中间层		
端子号	设备符号	信号线	端子号	设备符号	信号线
2	DECODE	旋转编码器 B 相（白色线）	2	1Y	推杆 1 电磁阀
3		旋转编码器 A 相（绿色线）	3	2Y	推杆 2 电磁阀
4	BG1	光电传感器	4	3Y	推杆 3 电磁阀
5	BG2	光纤传感器 1			
6	BG3	电感传感器 1			
7	BG4	光纤传感器 2			
8	1B	推杆 1 推出到位			
9	2B	推杆 2 推出到位			
10	3B	推杆 3 推出到位			
12#～17#端子没有连接			5#～14#端子没有连接		

2. PLC 侧的接线端口信号端子的分配

对分拣单元的控制，要考虑的不仅有对气动元件的逻辑控制，还包括对传送带的传送控制及对变频器速度的运动控制等。PLC 选用高速计数器 HSC0 对旋转编码器输出的 A、B 相脉冲进行高速计数，故两相脉冲信号线应连接到 PLC 的输入点 I0.0 和 I0.1。其中，为了能在传送带正向运行时，PLC 的高速计数器为增计数，旋转编码器在实际接线时其白色线应连接到 PLC 的 I0.0，绿色线应连接到 I0.1（这样连接并不影响旋转编码器的性能）。此外，传送带不需要起始零点信号，Z 相脉冲不用接线。

根据分拣单元装置侧的 I/O 信号分配和工作任务的要求，选用 S7 - 200SMART 系列的 CPU SR40 PLC，它有 24 点输入和 16 点输出。PLC 的 I/O 信号分配见表 5 - 13。

表 5 - 13　分拣单元 PLC 的 I/O 信号分配

输入信号				输出信号			
序号	PLC 输入点	信号名称	信号来源	序号	PLC 输出点	信号名称	信号来源
1	I0.0	旋转编码器 B 相（白色线）		1	Q0.0	正转	变频器侧
2	I0.1	旋转编码器 A 相（绿色线）		2	Q0.1	固定转速 1	
3	I0.2	光电传感器（BG1）		3	Q0.2	固定转速 2	
4	I0.3	光纤传感器 1（BG2）		4	Q0.3	推杆 1 电磁阀（1Y）	装置侧
5	I0.4	电感传感器 1（BG3）	装置侧	5	Q0.4	推杆 2 电磁阀（2Y）	
6	I0.5	光纤传感器 2（BG4）		6	Q0.5	推杆 3 电磁阀（3Y）	
7	I0.7	推杆 1 推出到位（1B）		7	Q0.6	正常工作（HL1）	按钮/指示灯模块
8	I1.0	推杆 2 推出到位（2B）		8	Q0.7	运行指示（HL2）	
9	I1.1	推杆 3 推出到位（3B）		9	Q1.0	故障指示（HL3）	
10	I1.2	启停按钮（SB1）	按钮/指示灯模块				
11	I1.4	急停按钮（QS）					
12	I1.5	工作方式选择（SA）					

（二）绘制 PLC 控制电路图

按照所规划的 I/O 分配以及所选用的传感器类型绘制的分拣单元 PLC 的 I/O 接线原理图如图 5 - 18 所示。

（三）PLC 控制电路的电气接线和调试

1. 装置侧接线

一是把分拣单元各传感器信号线、电源线、0 V 线按规定接至装置侧左边较宽的接线端子排；二是把分拣单元电磁阀的信号线接至装置侧右边较窄的接线端子排。

2. PLC 侧接线

PLC 侧接线包括电源接线、PLC 输入/输出端子的接线以及按钮/指示灯模块的接线 3 个部分。PLC 侧接线端子排为双层两列端子，左边较窄的一列主要接 PLC 的输出端口信号，右边较宽的一列接 PLC 的输入端口信号；两列中的下层分别接 24 V 电源和 0 V；左列上层接 PLC 的输出信号口，右列上层接 PLC 的输入信号口。PLC 的按钮接线端子连接至 PLC 的输入信号口，信号指示灯信号端子接至 PLC 的输出信号口。

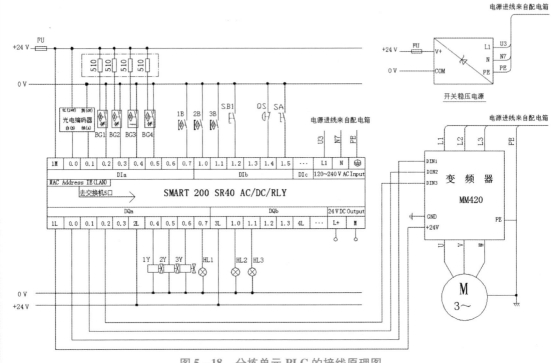

图 5 – 18　分拣单元 PLC 的接线原理图

3. 接线注意事项

装置侧接线端口中，输入信号端子的上层端子（24 V）只能作为传感器的正电源端，切勿用于连接电磁阀等执行元件的负载。电磁阀等执行元件的正电源端和 0 V 端应连接到输出信号端子下层的相应端子上。装置侧接线完成后，应用扎带绑扎，力求整齐、美观。电气接线的工艺应符合国家职业标准的规定，例如，导线连接到端子时，采用端子压接方法；连接线须有符合规定的标号；每一端子连接的导线不超过两根等。

4. 接线调试

电气接线的工艺应符合有关专业规范的规定。接线完毕，应借助 PLC 编程软件的状态监控功能校核接线的正确性。

（四）变频器的参数设置

完成系统硬件接线并上电后，MM420 变频器参数设置见表 5 – 14。

表 5 – 14　MM420 变频器参数设置

参数号	出厂值	设置值	说明
P0003	1	2	设用户访问级为扩展级
P0004	0	7	命令和数字 I/O 端口
P0700	2	2	命令源的选择由端子排输入信号决定
P0701	1	1	"ON" 表示接通正转，"OFF" 表示停止

参数号	出厂值	设置值	说明
P0004	0	10	设定值通道和斜坡函数发生器
P1000	2	1	频率设定值选择为模拟量输入启动频率
P1040	5	5	斜坡上升时间（s）
P1120	10	0.1	斜坡下降时间（s）
P1121	10	0.1	设用户访问级为扩展级

（五）分拣单元的程序设计

程序设计的首要任务是理解分拣单元的工艺要求和控制过程，在充分理解的基础上，绘制程序流程图，然后根据流程图来编写程序，而不是单靠经验来编程，只有这样才能取得事半功倍的效果。

1. 顺序功能图

由分拣单元的工艺流程（见任务描述部分）可以绘制分拣单元主程序、分拣控制子程序的顺序功能图，具体如图 5-19 和图 5-20 所示。

由分拣站的工艺流程（见项目描述部分）可以绘制分拣站的主程序和分拣控制子程序顺序功能图，如图 5-19 和图 5-20 所示。

整个程序的结构包括主程序、分拣控制子程序和高速计数器（HSC）初始化子程序。主程序是一个周期循环扫描的程序。通电后，先初始化高速计数器，并进行初态检查，即 3 个推料气缸是否缩回到位。这 3 个条件中的任一条件不满足，则初态均不能通过，也就是说不能启动分拣站使之运行。如果初态检查通过，则说明设备准备就绪，允许启动。启动后，系统就处于运行状态，此时主程序每个扫描周期调用分拣控制子程序。

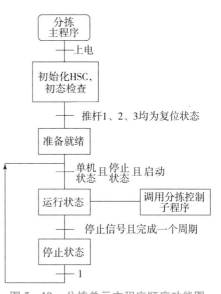

图 5-19　分拣单元主程序顺序功能图

分拣控制子程序是一个步进程序，可以采用置位和复位的方法来编程，也可以用西门子特有的顺序继电器指令（SCR 指令）来编程。分拣控制子程序的编程思路为：如果入料口检测有料，则延时 800 ms，其间同时检测工件的颜色，如果为白色工件或金属工件，则 M4.1 = 1，否则 M4.1 = 0。延时时间结束后启动电动机，以 30 Hz 的频率将工件带入分拣区。在金属传感器的位置（大约 1 900 个脉冲）判断工件的材质：如果工件为金属工件（M4.1 = 1 且 I0.4 = 1），则进入 1 号槽；如果为白色工件（M4.1 = 1 且 I0.4 = 0），则进入 2 号槽；如果为黑色工件（M4.1 = 0），则进入 3 号槽。当任意工件被推入料槽后，需要使 M4.1 复位，延时 1 s 后再返回子程序入口处。

2. 梯形图程序

1）主程序（见图 5-21）

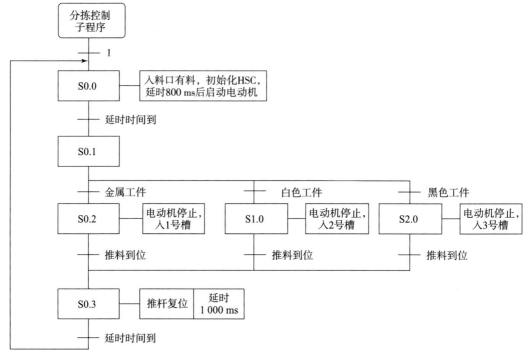

图 5 – 20　分拣单元分拣控制子程序顺序功能图

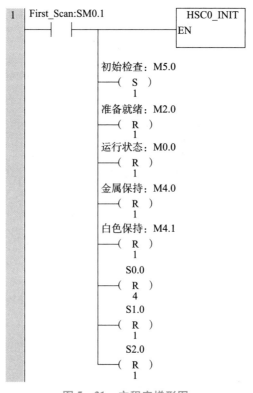

图 5 – 21　主程序梯形图

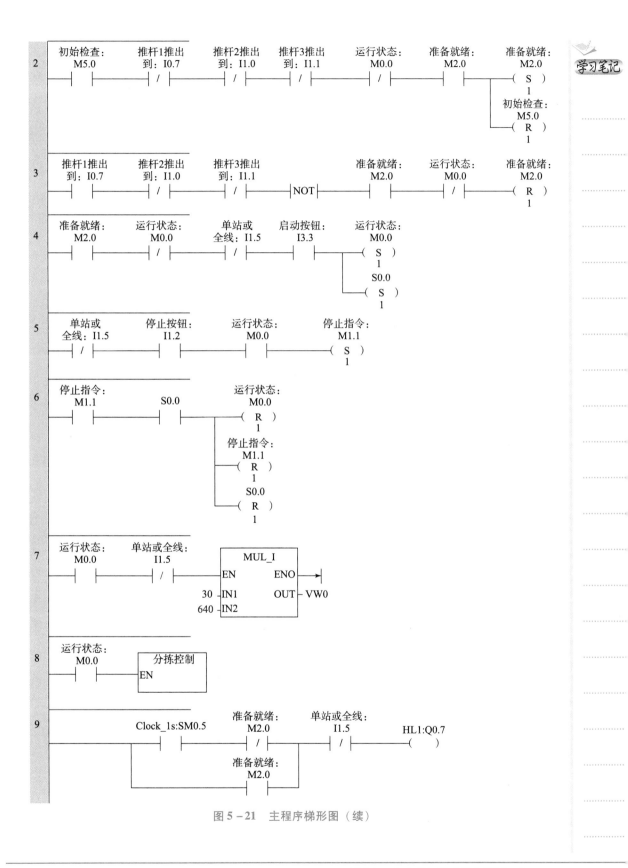

图 5-21　主程序梯形图（续）

项目 5　分拣单元的安装与调试 ■ 125

2）分拣单元分拣控制子程序（见图 5－22）

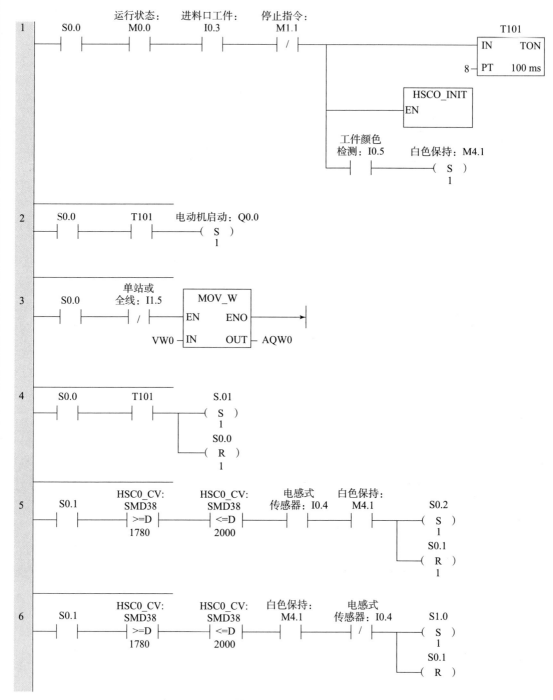

图 5－22　分拣单元分拣控制子程序梯形图

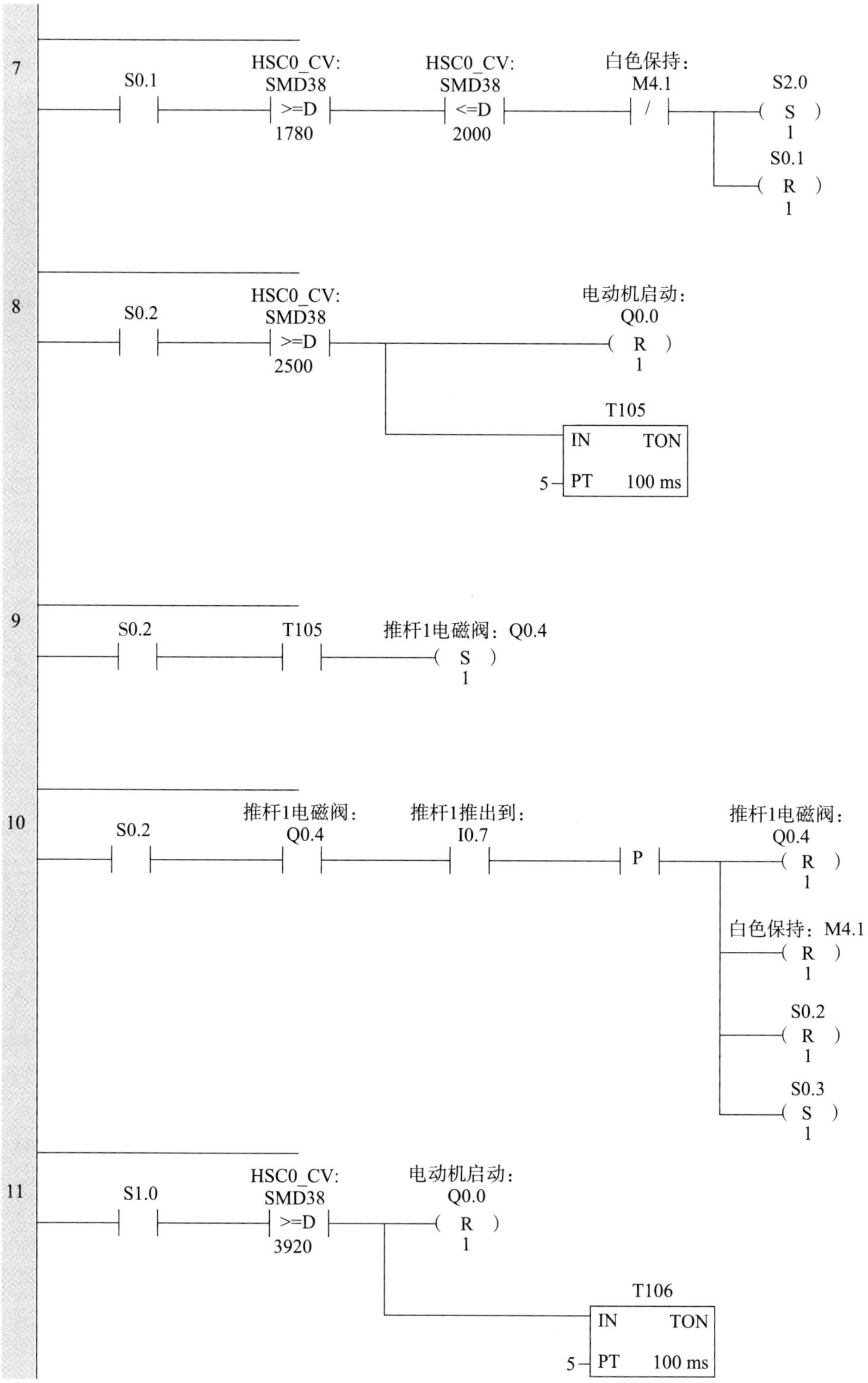

7

S0.1 ┤├ HSC0_CV:SMD38 ┤>=D├ 1780 HSC0_CV:SMD38 ┤<=D├ 2000 白色保持:M4.1 ┤/├

S2.0 ─(S)─ 1

S0.1 ─(R)─ 1

8

S0.2 ┤├ HSC0_CV:SMD38 ┤>=D├ 2500

电动机启动:Q0.0 ─(R)─ 1

T105
IN   TON
5─ PT   100 ms

9

S0.2 ┤├ T105 ┤├

推杆1电磁阀:Q0.4 ─(S)─ 1

10

S0.2 ┤├ 推杆1电磁阀:Q0.4 ┤├ 推杆1推出到:I0.7 ┤├ ┤P├

推杆1电磁阀:Q0.4 ─(R)─ 1

白色保持:M4.1 ─(R)─ 1

S0.2 ─(R)─ 1

S0.3 ─(S)─ 1

11

S1.0 ┤├ HSC0_CV:SMD38 ┤>=D├ 3920

电动机启动:Q0.0 ─(R)─ 1

T106
IN   TON
5─ PT   100 ms

图 5 – 22　分拣单元分拣控制子程序梯形图（续）

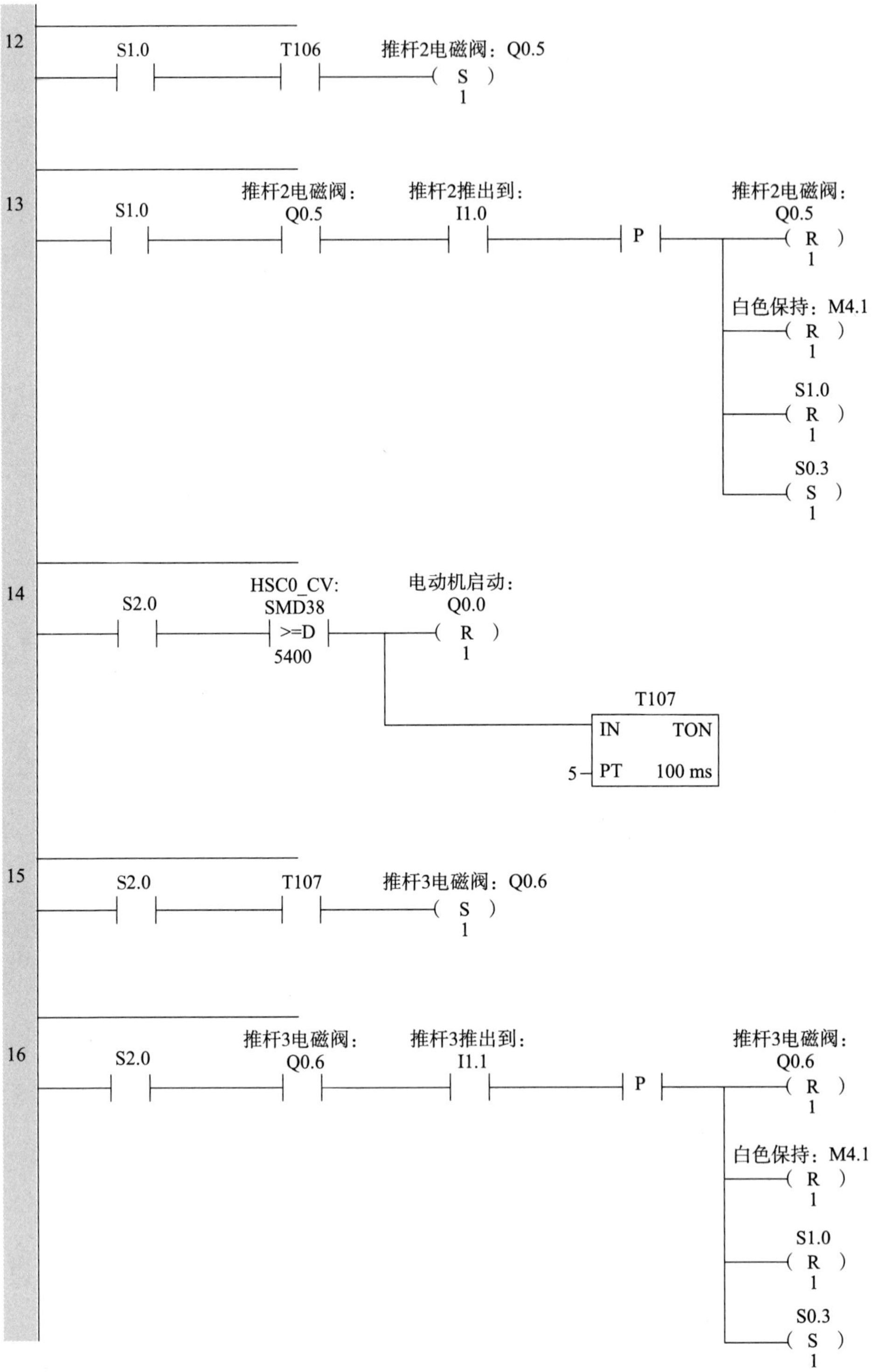

图 5 – 22　分拣单元分拣控制子程序梯形图（续）

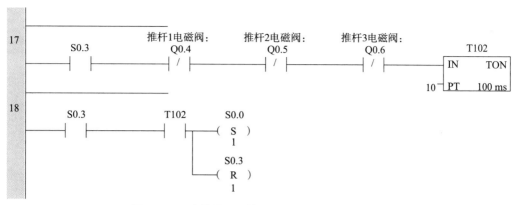

图 5 – 22　分拣单元分拣控制子程序梯形图 （续）

3）高速计数器子程序（见图 5 – 23）

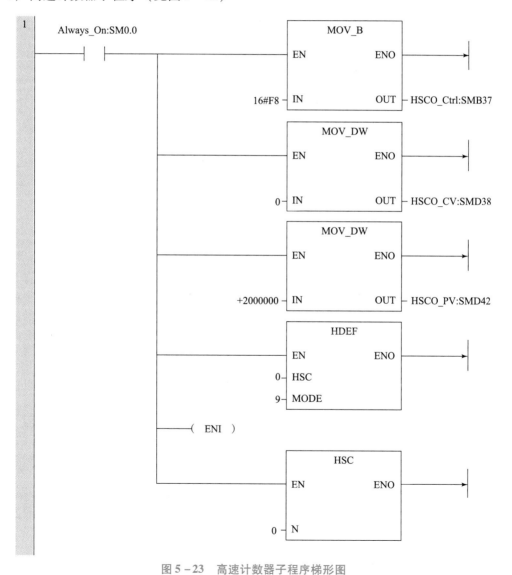

图 5 – 23　高速计数器子程序梯形图

3. 分拣单元的 PLC 分拣控制子程序调试

PLC 上电并为 RUN 状态时，主程序中采用 SM0.1 调用高速计数器子程序。检测点与分拣位置处脉冲数量的测试步骤如下。

（1）打开状态图表，输入所需要监控的数据地址，如图 5-24 所示。在未按启动按钮前，放工件于进料口中心，手动慢慢旋转电动机联轴器，使工件运行到推杆 1 的推出处，观察状态监控表 HC0 的当前值，此数值便为脉冲数量估算值，把此估算值输入 VD14 新值处，单击"写入"按钮，写入 VD14 当前值寄存器。

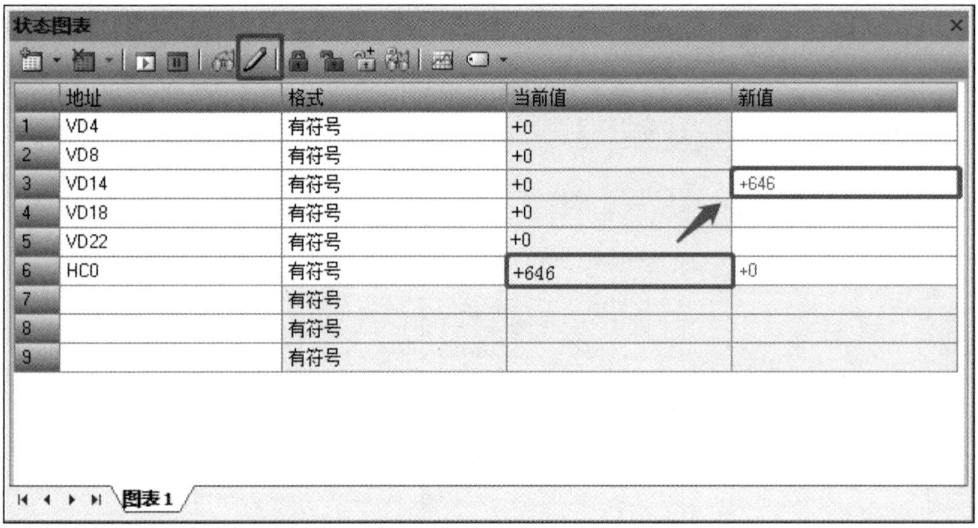

	地址	格式	当前值	新值
1	VD4	有符号	+0	
2	VD8	有符号	+0	
3	VD14	有符号	+0	+646
4	VD18	有符号	+0	
5	VD22	有符号	+0	
6	HC0	有符号	+646	+0
7		有符号		
8		有符号		
9		有符号		

图 5-24　光纤传感器检测点处脉冲测试

同理，可获取光纤传感器 2、电感传感器 1 检测点，以及推杆 2、3 四处脉冲数量估算值，分别写入 VD4、VD8、VD18、VD22 当前值寄存器。

（2）清除传送带上的工件，按下系统启动按钮 SB1，以上述方法获取的估算值作为当前值运行程序。根据实际存在的位置误差情况，按 1 个脉冲约为 0.27 mm，对 5 个位置处的脉冲数量进行反复调整，最终实现准确检测并分拣到各出料滑槽的目标。把最终确定的脉冲数输入到数据块页面 1 上，如图 5-25 所示。

4. 分拣单元的 PLC 程序整体调试

在分拣单元的硬件调试完毕，I/O 端口确保正常连接，程序设计完成后，就可以进行软件下载和调试了。调试步骤如下：

（1）用网线将 PLC 与 PC 相连，打开 PLC 编程软件，设置通信端口 IP 地址，建立上位机与 PLC 的通信连接。

（2）PLC 程序编译无误后将其下载至 PLC，并使 PLC 处于 RUN 状态。

（3）将程序调至监视状态，观察 PLC 程序的能流状态，以此来判断程序的正确与否，并有针对性地进行程序修改，直至分拣单元能按工艺要求运行。程序每次修改后需对其进行重新编译并将其下载至 PLC。

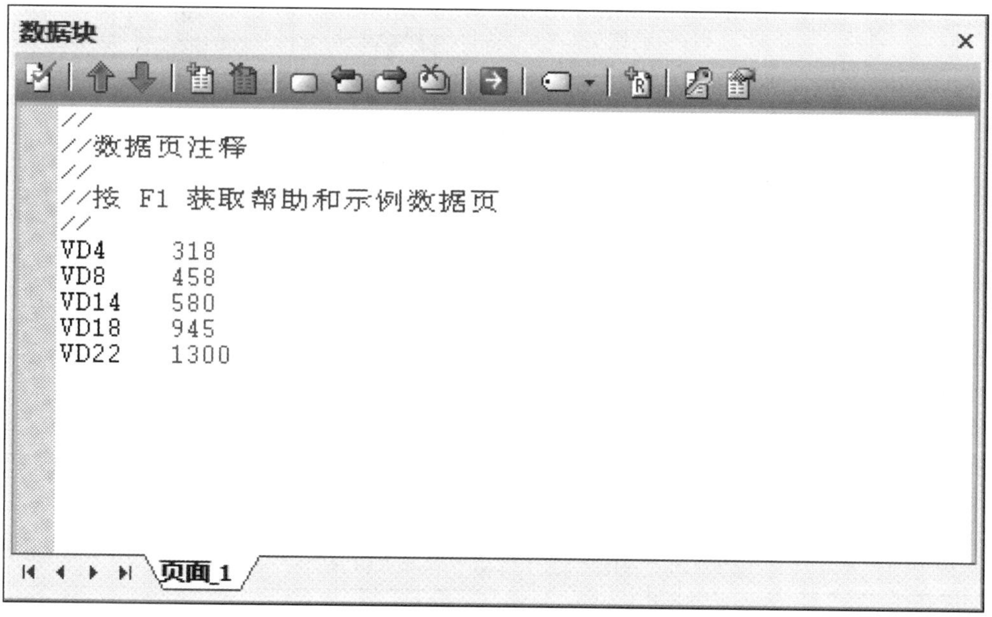

图 5 – 25　检测点及分拣处脉冲数确定

五、任务检查

为保证任务能顺利可靠地开展下去，必须对任务的实施过程和结果进行检查。检查内容的设置原则主要包括两点：对影响到任务能否正常实施和完成质量的因素，要设置为检查内容，包括安全、操作、结果（中间结果和最终结果）等；所设置的检查内容应尽可能量化表达，以便于客观评价任务的实施。

本次任务的主要内容是：分拣单元的 I/O 分配、安装接线、PLC 编程与调试，根据任务目标的具体内容，设置表 5 – 15 所示的检查表，在实施过程和终结时进行必要的检查并填报检查表。

表 5 – 15　分拣单元的 PLC 编程与调试任务检查表

项目	分值	评分要点	检查情况	得分
完成 PLC 的 I/O 分配及接线端子分配	10	I/O 分配及接线端子分配合理		
完成系统的安装接线，并校核接线的正确性	10	端子连接、插针压接牢固；每个接线柱不超过两根导线；端子连接处有线号；电路接线绑扎		
完成 PLC 的程序编制	10	根据工艺要求编写程序		
完成系统的调试与运行	40	根据工艺要求调试程序，运行正确		

项目	分值	评分要点	检查情况	得分
职业素养	30	分工合理，制订计划能力强，严谨认真；爱岗敬业，安全意识，责任意识，服从意识；团队合作，交流沟通，互相协作，分享能力；主动性强，保质保量完成工作页相关任务；能采取多样化手段收集信息、解决问题		
合计	100			

六、任务评价

严格按照任务检查表来完成本任务的实训内容，教师对学生实训内容完成情况进行客观评价，评价表见表 5 – 16。

表 5 – 16　分拣单元的 PLC 编程与调试任务评价表

评价项目	评价内容	分值	教师评价
职业素养 30 分	分工合理，制订计划能力强，严谨认真	5	
	爱岗敬业，安全意识，责任意识，服从意识	5	
	团队合作，交流沟通，互相协作，分享能力	5	
	遵守行业规范，现场 6S 标准	5	
	主动性强，保质保量完成工作页相关任务	5	
	能采取多样化手段收集信息、解决问题	5	
专业能力 60 分	PLC 的 I/O 分配及接线端子分配	15	
	系统安装接线，并校核接线的正确性	15	
	PLC 程序编制	15	
	系统调试与运行	15	
创新意识 10 分	创新性思维和行动	10	
合计		100	

扩展提升

在本项目完成的基础上，尝试完成以下工作任务：

（1）白色工件和白色芯件入 1 号槽，黑色工件和黑色芯件入 2 号槽，金属工件和金属芯件入 3 号槽；

（2）白色工件和黑色芯件入 1 号槽，黑色工件和白色芯件入 2 号槽，其他工件和芯件的组合入 3 号槽。

项目6　输送单元的安装与调试

项目目标

（1）了解输送站的基本结构，理解输送站的工作过程、传感器技术、气动技术和伺服驱动技术的工作原理；能够熟练安装与调试输送站的机械、气路和电路，保证硬件部分正常工作。

（2）能使用伺服驱动器对伺服电动机进行控制，会设置伺服驱动器的参数；能够根据输送站的工艺要求编写与调试 PLC 程序。

（3）掌握 S7-200 SMART 系列 PLC 运动控制指令的使用和编程方法，能编制实现伺服电动机定位控制的 PLC 程序。

（4）培养规范操作、安全操作意识；发扬注重细节、一丝不苟、精益求精的工匠精神。

项目描述

在 YL-335B 型自动化生产线上，输送单元起着在其他各工作单元间传送工件的作用。根据实际安装与调试过程，本项目主要考虑完成输送单元机械部件的安装、气路连接和调整、装置侧与 PLC 侧电气接线、PLC 程序的编写，最终通过机电联调实现工作目标：从供料单元出料台抓取工件后，向装配单元→加工单元→分拣单元传送物料，然后返回工作原点。

本项目设置了两个工作任务：

（1）输送单元的硬件安装与调试；

（2）输送单元的 PLC 程序的编写与调试。

知识储备

（一）输送单元的基本结构

输送单元的硬件结构主要由机械部件、电气元件和气动部件构成。机械部件包括抓取机械手装置、直线运动传动组件和拖链装置等。电气元件包括 7 个磁性传感器（也称为磁性开关）、1 个金属传感器（即原点开关）、1 个伺服驱动器和 1 台伺服电动机。气动部件包括 1 个伸缩气缸、1 个旋转气缸、1 个提升气缸、1 个手爪气缸、4 个气缸节流阀和 6 个电磁阀组。其外形结构如图 6-1 所示。

1. 直线运动组件

直线运动组件由直线导轨组件（包括圆柱形导轨及其安装底板）、滑动溜板、同步轮和同步带、伺服电动机及伺服驱动器、原点开关、左/右极限开关等组成，如图 6-2 所示。

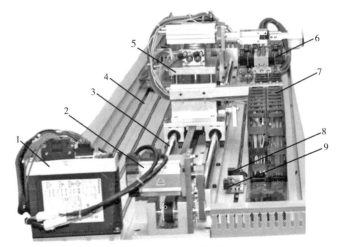

图 6-1　输送站的外形结构

1—伺服电动机驱动器；2—伺服电动机；3—直线运动传动组件；4—工作台；
5—抓取机械手装置；6—电磁阀组；7—拖链装置；8—原点开关；9—右极限开关

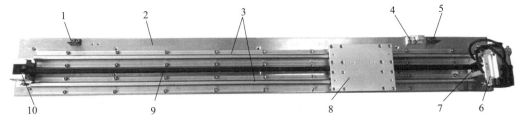

图 6-2　直线运动组件

1—左极限开关支座；2—底板；3—柱形直线导轨；4—原开关支座；5—右极限开关支座；
6—伺服电动机；7—主动同步轮；8—滑动溜板；9—同步带；10—从动同步轮

伺服电动机由伺服驱动器驱动，通过同步轮及同步带带动滑动溜板沿直线导轨做往复直线运动，固定在滑动溜板上的抓取机械手装置也随之运动。同步轮齿距为 5 mm，共 12 个齿，即旋转一周机械手装置位移 60 mm。

2. 抓取机械手装置

抓取机械手装置是一个能实现三自由度运动（即升降、伸缩、气动手指夹紧/松开和沿垂直轴旋转的四维运动）的工作单元，该装置整体安装在直线运动组件的滑动溜板上，在传动组件的带动下整体做直线往复运动，定位到其他各工作单元的物料台，然后完成抓取和放下工件的操作。抓取机械手装置如图 6-3 所示。

3. 拖链装置

抓取机械手装置通常工作在往复运动状态，为了使其上引出的电缆和气管随之被牵引并被保护，输送单元使用塑料拖链作为管线敷设装置，拖链装置一端固定在工作台面上，另一端则通过拖链安装支架与抓取机械手装置连接，如图 6-4 所示。抓取机械手装置引出的气管和电缆沿拖链敷设，气管连接到电磁阀组，电缆则连接到接线端口。

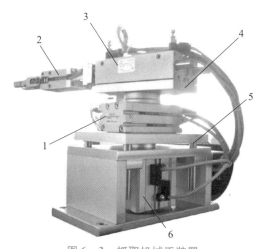

图 6-3 抓取机械手装置

1—摆动气缸；2—气动手指及其夹紧机构；

3—手臂伸缩气缸；4—伸缩气缸支承板；

5—提升机构；6—提升气缸

图 6-4 拖链与抓取机械手装置的连接

（二）输送单元的工作原理

输送站在通电后，按下复位按钮 SB1，执行复位操作，使抓取机械手装置回到原点位置。在复位过程中，"正常工作"指示灯 HL1 以 1 Hz 的频率闪烁。当抓取机械手装置回到原点位置，且输送单元各个气缸满足初始位置的要求时，则复位完成，"正常工作"指示灯 HL1（黄色灯）常亮，否则 HL1 以 1 Hz 的频率闪烁。若设备准备好，则按下启动按钮 SB2，系统启动，"设备运行"指示灯 HL2（绿色灯）常亮，开始功能测试过程。

其工艺控制过程为：抓取机械手伸出抓料，抓取机械手提升并以 300 mm/s 的速度移动到加工站；抓取机械手下降，放料，延时 2 s 后抓料；抓取机械手提升并以 300 mm/s 的速度移动到装配站；抓取机械手下降，放料，延时 2 s 后抓料；抓取机械手提升，左旋 90°，并以 300 mm/s 的速度移动到分拣站；抓取机械手下降，放料，缩回并以 400 mm/s 的速度移动到离供料站 900 mm 处；抓取机械手右旋 90°，并以 100 mm/s 的速度返回原点，完成一个周期的工作。

实际运用过程中，根据需要可以改变其工艺控制过程，例如：供料→装配→加工→分拣→回原点。

（三）传感器在输送单元中的应用

1. 原点开关和极限开关

抓取机械手装置做直线运动的起始点信号，由安装在直线导轨底板上的原点开关提供。此外，为了防止机械手越出行程而发生撞击设备的事故，直线导轨底板上还安装了左、右极限开关。其中，原点开关和右极限开关在底板上的安装如图 6-5 所示。

原点开关是一个无触点的电感式接近开关。关于电感式接近开关的工原理及选用、安装注意事项请参阅项目 2。

左、右极限开关均是有触点的微动开关，当滑动溜板在运动中越过左极限或右极限位置时，极限开关就会动作，向系统发出越程故障信号。

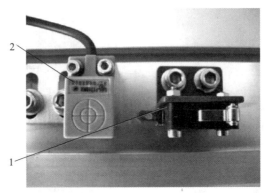

图 6 - 5　原点开关和右极限开关

1—右极限开关；2—原点开关

2. 磁性开关

输送站的 7 个磁性开关分别用于检测 4 个气缸的动作位置，如图 6 - 6 所示。

（1）检测手爪夹紧或松开状态。

（2）检测手爪伸出到位或缩回到位状态。

（3）检测机械手左旋或右旋到位状态。

（4）检测机械手提升或下降到位状态。

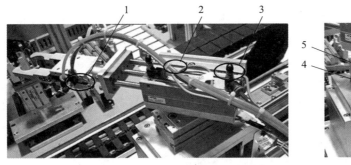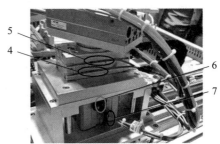

图 6 - 6　磁性开关结构组成

1—手爪夹紧磁性开关；2—手爪伸出到位磁性开关；3—手爪缩回到位磁性开关；

4—左旋到位磁性开关；5—右旋到位磁性开关；6—提升到位磁性开关；7—下降到位磁性开关

（四）输送单元的气动控制回路

输送单元抓取机械手装置上的所有气缸连接的气管沿拖链敷设，最后插接到电磁阀组上，其气动控制回路如图 6 - 7 所示。

在气动控制回路中，驱动摆动气缸和手指气缸的电磁阀采用的是二位五通双电控电磁阀，电磁阀外形如图 6 - 8 所示。

双电控电磁阀与单电控电磁阀的区别在于：对于单电控电磁阀，在无电控信号时，阀芯在弹簧力的作用下会被复位；而对于双电控电磁阀，在两端都无电控信号时，阀芯的位置取决于之前一个电控信号的动作结果。

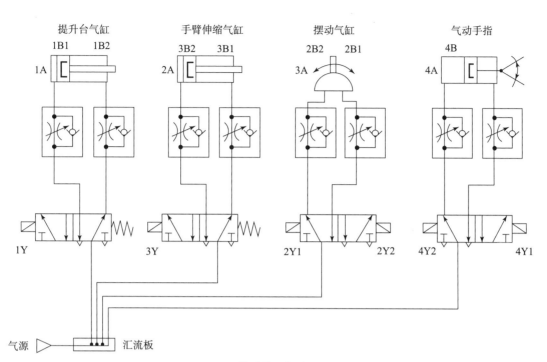

图 6-7　输送单元气动控制回路

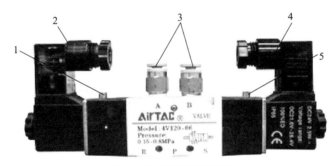

图 6-8　双电控电磁阀

1—手动按钮 1；2—驱动线圈 1；3—气管接口；4—驱动线圈 2；5—手动按钮 2

注意：双电控电磁阀的两个电控信号不能同时为"1"，且在控制过程中不允许两个线圈同时得电，否则可能会造成电磁线圈烧毁，当然，在这种情况下阀芯的位置是不确定的。

（五）步进和伺服电动机在输送单元中的应用

1. 步进电动机及驱动器

步进电动机（Stepping Motor）又称为脉冲电动机，它是将电脉冲信号转变为角位移或线位移的开环控制电动机，是现代数字程序控制系统中的主要执行元件，其应用极为广泛。在非超载的情况下，电动机的转速和位置只取决于脉冲信号的频率和脉冲数，而不受负载变化的影响，当步进驱动器接收到一个脉冲信号时，它就驱动步进电动机按设定的方向转动一个固定的角度，称为步距角，其旋转是以固定的角度一步一步运行的，所以称这种电动机为"步进"电动机。

步进电动机可以通过控制脉冲个数来控制角位移量，从而达到准确定位的目的。同时它可以通过控制脉冲频率来控制电动机转动的速度和加速度，从而达到调节速度的目的。

1）步进电动机的工作原理

步进电动机属于感应电动机，它基于最基本的电磁学原理，将电能转换为机械能。步进电动机的动作原理是利用电子电路，分时供给电动机各相定子绕组直流电源，产生脉动旋转磁场，使步进电动机转子一步一步旋转。步进电动机驱动器就是为步进电动机分时供电的，它是一种时序控制器。

图6-9所示为三相反应式步进电动机的工作原理。定子铁芯为凸极式，共有三对（六个）磁极，每两个空间相对的磁极上绕有一相控制绕组。转子由软磁性材料制成，也是凸极结构，只有四个齿，齿宽等于定子的极宽。

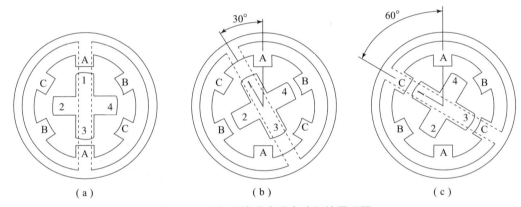

图6-9　三相反应式步进电动机的原理图

（a）A相通电；（b）B相通电；（c）C相通电

当A相控制绕组通电时，其余两相均不通电，电动机内建立以定子A相极为轴线的磁场。由于磁通具有力图经过磁阻最小路径的特点，故使转子齿1、3的轴线与定子A相极轴线对齐，如图6-9（a）所示。当A相控制绕组断电、B相控制绕组通电时，转子在反应转矩的作用下逆时针转过30°，使转子齿2、4的轴线与定子B相极轴线对齐，即转子走了一步，如图6-9（b）所示。若在B相控制绕组断电、C相控制绕组通电，转子逆时针方向又转过30°，使转子齿1、3的轴线与定子C相极轴线对齐，如图6-9（c）所示。如此按A→B→C→A的顺序轮流通电，转子就会一步一步地按逆时针方向转动，其转速取决于各相控制绕组通电与断电的频率，旋转方向则取决于控制绕组轮流通电的顺序。若按A→C→B→A的顺序通电，则电动机按顺时针方向转动。

上述通电方式称为三相单三拍方式。"三相"是指三相步进电动机；"单三拍"是指每次只有一相控制绕组通电，控制绕组每改变一次通电状态称为一拍，"三拍"是指改变三次通电状态即一个循环。把每一拍转子转过的角度称为步距角。步进电动机以三相单三拍方式运行时，步距角为30°。显然，这个角度太大，不能付诸实用。

如果把控制绕组的通电方式改为 A→AB→B→BC→C→CA→A，即一相通电接着二相通电间隔地轮流进行，完成一个循环需要经过六次改变通电状态，则称为三相单、双六拍通电方式。当 A、B 两相绕组同时通电时，转子齿的位置应同时考虑到两对定子极的作用，只有在 A 相极和 B 相极对转子齿所产生的磁拉力相平衡的中间位置，才是转子的平衡位置。这样，三相单、双六拍通电方式下转子平衡位置增加了一倍，步距角为 15°。

步进电动机输出的角位移与输入的脉冲数成正比，转速与脉冲频率成正比。改变定子绕组通电的顺序，定子绕组产生的旋转磁场反向，电动机转子就会相应反转。所以控制脉冲数量就能控制步进电动机的运动位置，控制脉冲频率就能控制步进电动机的速度，控制步进电动机各相绕组的通电顺序就能控制其旋转方向。

一般来说，实际的步进电动机产品都采用这种方法实现步距角的细分。例如输送单元所选用的 Kinco 三相步进电动机 3S57Q – 04056，它的步距角在整步方式下为 1.8°，半步方式下为 0.9°。除了步距角外，步进电动机还有例如保持转矩、阻尼转矩等技术参数，这些参数的物理意义可参阅有关步进电动机的专门资料。3S57Q – 04056 部分技术参数见表 6 –1。

表 6 –1　3S57Q – 04056 部分技术参数

参数名称	步距角/(°)	相电流/A	保持扭矩/(N·m)	阻尼扭矩/(N·m)	电动机惯量/(kg·cm²)
参数值	1.8	5.8	1.0	0.04	0.3

2）步进电动机的使用

一是要正确的安装，二是要正确的接线。

安装步进电动机，必须严格按照产品说明书的要求进行。步进电动机是一个精密装置，安装时注意不要敲打它的轴端，更不能拆卸电动机。

不同的步进电动机的接线有所不同，3S57Q – 04056 接线图如图 6 – 10 所示，三个相绕组的六根引出线必须按头尾相连的原则连接成三角形。改变绕组的通电顺序就能改变步进电动机的转动方向。

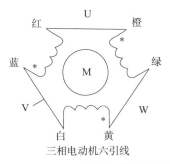

线色	电动机信号
红色	U
橙色	U
蓝色	V
白色	V
黄色	W
绿色	W

图 6 – 10　3S57Q – 04056 的接线

3）步进电动机的驱动装置

步进电动机需要专门的驱动装置（驱动器）供电，驱动器和步进电动机是一个有机的整体，其运行性能是电动机及其驱动器二者配合所反映的综合效果。

一般来说，每一台步进电动机大多都有其对应的驱动器，例如，Kinco 三相步进电动机 3S57Q - 04056 与之配套的驱动器是 Kinco 3M458 三相步进电动机驱动器。图 6 - 11 和图 6 - 12 所示分别为它的外观图和典型接线图。在图 6 - 12 中，驱动器可采用直流 24 ~ 40 V 电源供电。

由输送单元专用的开关稳压电源（DC 24 V，8 A）供给，输出电流和输入信号的规格如下：

①输出相电流为 3.0 ~ 5.8 A，输出相电流通过拨动开关设定；驱动器采用自然风冷的冷却方式。

②控制信号输入电流为 6 ~ 20 mA，控制信号的输入电路采用光耦隔离。输送单元 PLC 输出公共端 Vcc 使用的是 DC 24 V 电压，所使用的限流电阻 R_1 为 2 kΩ。

图 6 - 11　Kinco 3M458 外观

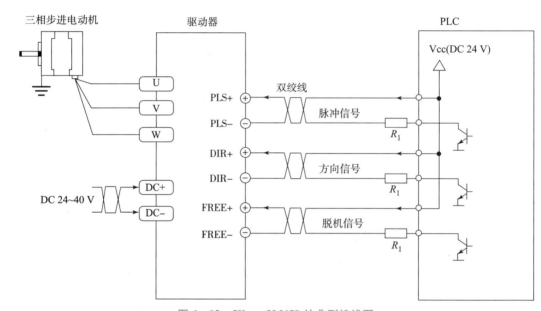

图 6 - 12　Kinco 3M458 的典型接线图

由图 6 - 12 可见，步进电动机驱动器的功能是接收来自控制器（PLC）的一定数量和频率的脉冲信号以及电动机旋转方向的信号，为步进电动机输出三相功率脉冲信号。步进电动机驱动器的组成包括脉冲分配器和脉冲放大器两部分，主要用于向步进电动机各相绕组分配输出脉冲及功率放大。

脉冲分配器是一个数字逻辑单元，它接收来自控制器的脉冲信号和转向信号，把脉冲信号按一定的逻辑关系分配到每一相脉冲放大器上，使步进电动机按选定的运行方式工作。由于步进电动机各相绕组是按一定的通电顺序并不断循环来实现步进功能的，因此脉冲分配器也称为环形分配器。脉冲放大器用于进行脉冲功率放大。因为从脉冲分配器能够输出的电流很小（毫安级），而步进电动机工作时需要的电流较大，因此需要进行功率放大。此外，输出的脉冲波形、幅度、波形前沿陡度等因素对步进电动机运行性能有重要的影响。3M458 驱动器采取以下一些措施，大大改善了步进电动机的运行性能：内部驱动直流电压达 40 V，能提供更好的高速性能；具有电动机静态锁紧状态下的自动半流功能，可大大降低电动机的发热；为调试方便，驱动器还有一对脱机信号输入线 FREE + 和 FREE − （见图 6 − 12），当这一信号为"ON"时，驱动器将断开输入到步进电动机的电源回路，而 YL − 335A 没有使用这一信号，目的是使步进电动机在上电后，即使静止时也保持自动半流的锁紧状态。

3M458 驱动器采用交流伺服驱动原理，把直流电压通过脉宽调制技术变为三路阶梯式正弦波形电流，如图 6 − 13 所示。

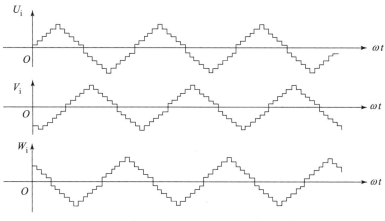

图 6 − 13   相位差 120°的三相阶梯式正弦电流

阶梯式正弦波形电流按固定时序分别流过三路绕组，其每个阶梯对应电动机转动一步，通过改变驱动器输出正弦电流的频率来改变电动机转速，而输出的阶梯数确定了每步转过的角度，角度越小，则阶梯数就越多，即细分就越大。从理论上来说，此角度可以设得足够小，所以细分数可以很大。3M458 驱动器最高可达 10 000 步/r 的驱动细分功能，细分可以通过拨动开关设定。

细分驱动方式不仅可以减小步进电动机的步距角、提高分辨率，而且可以减小或消除低频振动，使电动机运行更加平稳、均匀。在 3M458 驱动器的侧面连接端子中间有一个红色的八位 DIP 功能设定开关，可以用来设定驱动器的工作方式和工作参数，包括细分设置、静态电流设置和运行电流设置。图 6 − 14 所示为该 DIP 开关功能的划分说明，表 6 − 2 和表 6 − 3 所示分别为细分设置表和电流设定表。

开关序号	ON 功能	OFF 功能
DIP1~DIP3	细分设置用	细分设置用
DIP4	静态电流全流	静态电流半流
DIP5~DIP8	电流设置用	电流设置用

DIP开关的正视图

↓
ON 1 2 3 4 5 6 7 8

图 6 − 14   3M458 DIP 开关功能划分说明

表 6 - 2　细分设置表

DIP1	DIP2	DIP3	细分
ON	ON	ON	400 步/r
ON	ON	OFF	500 步/r
ON	OFF	ON	600 步/r
ON	OFF	OFF	1 000 步/r
OFF	ON	ON	2 000 步/r
OFF	ON	OFF	4 000 步/r
OFF	OFF	ON	5 000 步/r
OFF	OFF	OFF	10 000 步/r

表 6 - 3　电流设定表

DIP5	DIP6	DIP7	DIP8	输出电流/A
OFF	OFF	OFF	OFF	3.0
OFF	OFF	OFF	ON	4.0
OFF	OFF	ON	ON	4.6
OFF	ON	ON	ON	5.2
ON	ON	ON	ON	5.8

步进电动机传动组件的基本技术数据如下：

3S57Q - 04056 步进电动机步距角为 1.8°，即在无细分的条件下 200 个脉冲电动机转一圈（通过驱动器设置细分精度最高可以达到 10 000 个脉冲电动机转一圈）。

对于采用步进电动机作动力源的 YL335 - B 系统，出厂时驱动器细分设置为 10 000 步/r。如前所述，直线运动组件的同步轮齿距为 5 mm，共 12 个齿，旋转一周搬运机械手位移为 60 mm，即每步机械手位移为 0.006 mm；电动机驱动电流设为 5.2 A；静态锁定方式为静态半流。

4）使用步进电机应注意的问题

控制步进电动机运行时，应注意考虑在防止步进电动机运行中失步的问题。

步进电动机失步包括丢步和越步。丢步时，转子前进的步数小于脉冲数；越步时，转子前进的步数多于脉冲数。丢步严重时，将使转子停留在一个位置上或围绕一个位置振动；越步严重时，设备将发生过冲。

使机械手返回原点的操作，常常会出现越步的现象。当机械手装置回到原点时，原点开关动作，使指令输入"OFF"。但如果到达原点前速度过高，惯性转矩将大于步进电动机的保持转矩（注：所谓保持转矩是指电动机各相绕组通额定电流，且处于静态锁定状态时，电动机所能输出的最大转矩，它是步进电动机最主要的参数之一）而使步进电动机越步。因此回原点的操作应确保足够低速。当步进电动机驱动机械手装置高速运行时紧急停止，出现越步情况不可避免，因此急停复位后应采取先低速返回原点重新校准，再恢复原有操作的方法。

　　由于电动机绕组本身是感性负载，输入频率越高，励磁电流就越小，而频率高，磁通量变化加剧，涡流损失加大。因此，输入频率增高，输出力矩降低，其最高工作频率的输出力矩只能达到低频转矩的 40% ~ 50% 。在进行高速定位控制时，如果指定频率过高，则会出现丢步现象。此外，如果机械部件调整不当，则会使机械负载增大。步进电动机不能过负载运行，哪怕是瞬间，都会造成失步，严重时将导致停转或不规则原地反复振动。

　　2. 交流伺服电动机和驱动器

　　在自动控制系统中，伺服电动机常作为执行元件，把所收到的电信号转换成电动机轴上的角位移或角速度输出。伺服电动机分为直流和交流两大类，交流伺服电动机又分为同步电动机和异步电动机。目前运动控制系统中大多采用同步交流伺服电动机及配套驱动器。

　　1）交流伺服电动机的工作原理

　　伺服电动机内部的转子是永磁铁，驱动器控制 U/V/W 三相电形成电磁场，转子在此磁场的作用下转动，同时电动机自带的编码器反馈信号给驱动器，驱动器根据反馈值与目标值进行比较，调整转子转动的角度。伺服电动机的精度决定于编码器的精度（线数）。

　　交流永磁同步伺服驱动器主要由伺服控制单元、功率驱动单元、通信接口单元、伺服电动机及相应的反馈检测器件组成，其中伺服控制单元包括位置控制器、速度控制器、转矩和电流控制器，等等。系统控制结构组成如图 6 - 15 所示。

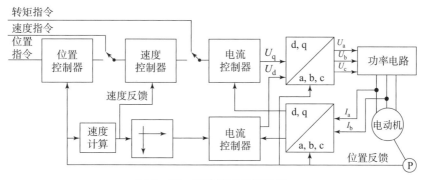

图 6 - 15　系统控制结构组成

　　伺服驱动器均采用数字信号处理器（DSP）作为控制核心，其优点是可以实现比较复杂的控制算法，实现数字化、网络化和智能化。功率器件普遍采用以智能功率模块（IPM）为核心设计的驱动电路，IPM 内部集成了驱动电路，同时具有过电压、过电流、过热、欠压等故障检测保护电路，在主回路中还加入软启动电路，以减小启动过程对驱动器的冲击。

　　功率驱动单元首先通过整流电路对输入的三相电或者市电进行整流，得到相应的直流电，再通过三相正弦 PWM 电压型逆变器变频来驱动三相永磁式同步交流伺服电动机。

　　其逆变部分（DC - AC）采用功率器件集成驱动电路、保护电路和功率开关于一体的智能功率模块（IPM），主要拓扑结构采用了三相桥式电路，原理图如图 6 - 16 所示，其利用了脉宽调制技术即 PWM（Pulse Width Modulation），通过改变功率晶体管交替导通的时间来改变逆变器输出波形的频率及每半周期内晶体管的通断时间比，也就是说通过改变脉冲宽度来改变逆变器输出电压幅值的大小，以达到调节功率的目的。

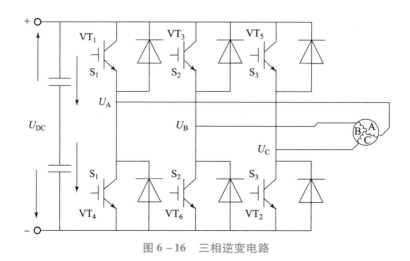

图 6-16 三相逆变电路

2) 交流伺服系统的位置控制模式

（1）伺服驱动器输出到伺服电动机的三相电压波形基本是正弦波（高次谐波被绕组电感滤除），而不是像步进电动机那样为三相脉冲序列，即使从位置控制器输入的是脉冲信号。

（2）伺服系统用作定位控制时，位置指令输入到位置控制器，速度控制器输入端前面的电子开关切换到位置控制器输出端，同样，电流控制器输入端前面的电子开关切换到速度控制器输出端。因此，位置控制模式下的伺服系统是一个三闭环控制系统，两个内环分别是电流环和速度环。由自动控制理论可知，这样的系统结构提高了系统的快速性、稳定性和抗干扰能力。在足够高的开环增益下，系统的稳态误差接近为零，也就是说，在稳态时，伺服电动机以指令脉冲和反馈脉冲近似相等时的速度运行；反之，在达到稳态前，系统将在偏差信号的作用下驱动电动机加速或减速。若指令脉冲突然消失（例如紧急停车时，PLC 立即停止向伺服驱动器发出驱动脉冲），伺服电动机仍会运行到反馈脉冲数等于指令脉冲消失前的脉冲数才停止。

（3）位置控制模式下电子齿轮的概念。

在位置控制模式下，等效的单闭环位置控制系统方框图如图 6-17 所示。

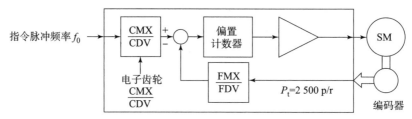

图 6-17 等效的单闭环位置控制系统方框图

在图 6-17 中，指令脉冲信号和电动机编码器反馈脉冲信号进入驱动器后，均通过电子齿轮变换才进行偏差计算。电子齿轮实际是一个分—倍频器，合理搭配其分—倍频值，可以灵活地设置指令脉冲的行程。

例如 YL‑335B 所使用的松下 MINAS A4 系列 AC 伺服电动机驱动器，电动机编码器反馈脉冲为 2 500 p/r。默认情况下，驱动器反馈脉冲电子齿轮分—倍频值为 4 倍频。如果希望指令脉冲 6 000 p/r，则应把指令脉冲电子齿轮的分—倍频值设置为 10 000/6 000，从而实现 PLC 每输出 6 000 个脉冲，伺服电动机旋转一周，驱动机械手恰好移动 60 mm 的整数倍关系。

3. 松下 MINAS A5 系列 AC 伺服驱动器和电动机

1）型号和外形结构

在 YL‑335B 的输送单元中，采用了松下 MHMD022G1U 永磁同步交流伺服电动机，以及 MAHDT1507E 全数字交流永磁同步伺服驱动装置作为运输机械手的运动控制装置，其实物图如图 6‑18 所示。

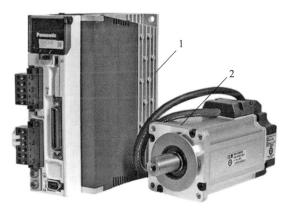

图 6‑18　松下 A5 系列伺服驱动器和电动机实物外形
1—伺服驱动器；2—伺服电动机

MHMD022G1U 的含义：MHMD 表示电动机类型为大惯量；02 表示电动机的额定功率为 200 W；2 表示为 200 V；G 表示编码器为增量式编码器，脉冲数为 2 500 p/r，分辨率为 10 000，输出信号线数为 5 根线；1U 表示电动机结构为有键槽、无保持制动器、有油封。

MAHDT1507E 的含义：MADH 表示松下 A5 系列 A 型驱动器；T1 表示最大瞬时输出电流为 10 A；5 表示电源电压规格为单相 200 V；07 表示电流监测器额定电流为 7.5 A；E 表示脉冲控制专用。驱动器的外观和面板如图 6‑19 所示。

2）接线

MADHT1507E 伺服驱动器面板上有 10 个接线端口，具体功能如下。

（1）XA：电源输入接口。AC 220 V 电源连接到 L1、L2、L3 主电源输入端子，同时连接到控制电源输入端子 L1C、L2C 上。

（2）XB：伺服电动机接口。U、V、W 端子用于连接伺服电动机的三相电源。必须注意，电源电压务必按照驱动器铭牌上的指示，电动机接线端子（U、V、W）不可以接地或短路，交流伺服电动机的旋转方向不像异步电动机可以通过交换三相相序来改变，必须保证驱动器上的 U、V、W 接线端子与电动机主电路接线端子按规定一一对应，否则可能导致驱动器损坏。电动机接线端子和驱动器接地端子以及滤波器接地端子必须保证可靠地连接到同一个接地点上，机身也必须接地。

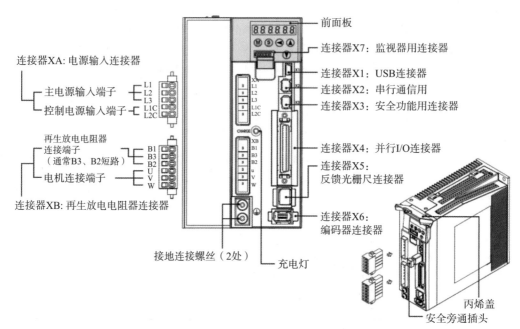

图 6 – 19　松下 A5 系列伺服驱动器的外观和面板

（3）XC：再生放电电阻器连接端子。RB1、RB2、RB3 端子是外接再生放电电阻器，YL – 335B 自动线没有使用外接放电电阻。

（4）X1：USB 连接接口。

（5）X2：串行通信接口。

（6）X3：安全功能用接口。

（7）X4：并行 I/O 控制信号接口，包括脉冲输送控制信号（OPC1）、伺服电动机旋转方向控制信号（OPC2）、伺服使能输入信号（SRV_ON）、左/右限位保护信号（CWL/CC-WL）、伺服报警输出信号（ALM +、ALM –），以及本模块的工作电源输入信号（COM +、COM –）等。

（8）X5：反馈光栅尺接口。

（9）X6：连接到伺服电动机编码器信号接口。连接电缆应选用带有屏蔽层的双绞电缆，屏蔽层应接到电动机侧的接地端子上，并且应确保将编码器电缆屏蔽层连接到插头的外壳上。

（10）X7：外接监视器接口。

YL – 335B 自动伺服驱动系统采用位置控制模式，其硬件接线如图 6 – 20 所示。

3）伺服驱动器的参数设置

MADHT1507E 伺服驱动器的参数共有 221 个，即 Pr0.00 ~ Pr6.39，与 PC 连接后可以用专门的调试软件进行设置，也可以在驱动器面板上进行设置。在 PC 上安装驱动器参数设置软件 Panaterm，通过软件与伺服驱动器建立通信，即可将伺服驱动器的参数状态读出或写入，非常方便。当因现场条件不允许，或只需修改少量参数时，也可通过驱动器上的操作面板来完成。驱动器参数操作面板及按键功能说明如图 6 – 21 所示。

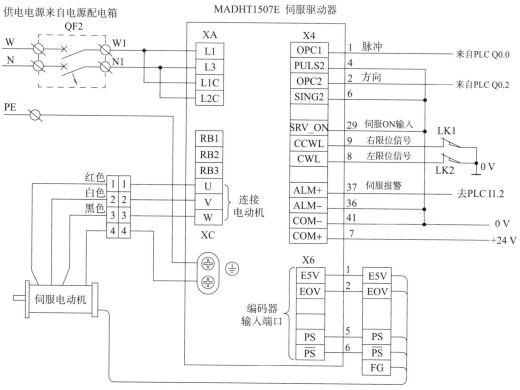

图 6-20 YL-335B 自动线伺服驱动系统硬件接线图

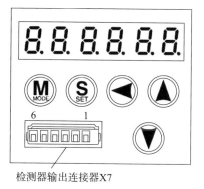

检测器输出连接器X7

按键功能说明		
按键说明	激活条件	功能
模式转换（MODE）键	在模式显示时有效	在以下模式之间切换：①监视器模式；②参数设置模式；③EEPROM写入模式；④辅助功能模式
设置键（SET）	一直有效	在模式显示和执行显示之间切换
升降键 ▲ ▼	仅对小数点闪烁的那一位数据位有效	改变各模式中的显示内容，更改参数，选择参数或执行选中的操作，把小数点移动到更高位数
移位键 ◀		

图 6-21 驱动器参数操作面板及按键功能说明

面板操作说明如下：

（1）参数设置：先按"S"键，再按"M"键选择"Pr0.00"后按向上、向下或向左方向键选择通用参数的项目，并按"S"键进入。然后按向上、向下或向左方向键调整参数，调整完后，按"S"键返回。选择其他项再调整。

（2）参数保存：按"M"键选择"EE_SET"后，按"S"键确认，出现"EEP-"，然后按向上键3 s，出现"FINISH"或"RESET"，然后重新通电后即保存。

（3）手动 JOG 运行：按"M"键选择"AF_ACL"，然后按向上、向下方向键选择"AF_

JOG"，按"S"键一次，显示"JOG –"，然后按向上方向键3 s显示"READY"，再按向左方向键3 s，显示"SRU_ON"。此时，按向上、向下方向键可以观察伺服电动机的正、反转运行情况。注意先将"SRU_ON"断开。

（4）常用参数设置说明。在YL – 335B自动化生产线上，伺服驱动装置工作于位置控制模式，S7 – 200 SMART PLC的Q0.0端输出脉冲作为伺服驱动器的位置指令，脉冲的数量决定伺服电动机的旋转位移（即机械手的直线位移），脉冲的频率决定伺服电动机的旋转速度（即机械手的运动速度），S7 – 200 SMART PLC的Q0.2端输出信号作为伺服驱动器的方向指令。对于控制要求较为简单的情况，伺服驱动器可采用自动增益调整模式。根据上述要求，YL – 335B自动化生产线伺服驱动器参数设置见表6 – 4。

表6 – 4 YL – 335B自动化生产线伺服驱动器参数设置

序号	参数号	参数名	设置值	缺省值	功能
1	Pr0.01	控制模式	0	0	位置控制
2	Pr0.02	实时自动增益	1	1	设置实时自动调整为标准模式，是基本的模式
3	Pr0.03	实时自动增益的机械刚性	13	13	实时自动增益调整有效时的机械刚性设定，设定值越高，则速度应答性越高，伺服刚性也提高，但容易产生振荡
4	Pr0.04	惯量比	1 352		实时自动增益调整有效时，实时推断惯量比，每30 min保存在EEPROM中
5	Pr0.06	指令脉冲转向	0	0	设置对指令脉冲输入的旋转方向，以及指令脉冲的输入形式
6	Pr0.07	指令脉冲输入方式	3	1	指令脉冲输入方式设置为脉冲序列 + 符号
7	Pr0.08	旋转一圈的脉冲数	6 000	10 000	设置电动机旋转一周所需的脉冲数
8	Pr5.04	驱动禁止输入	2	1	两限位单方输入时发生38错误
9	Pr5.28	LED初始状态	1	1	显示电动机的速度

（5）A5伺服驱动系统的试运行。

①前提条件：主电源、控制电源接通，固定电动机，切断负载，解除制动，"SRV_ON"无效。

②操作方法："AF_JOG"→按"S"键→"JOG"→按向上方向键5 s→"READY"→按向左方向键5 s→"SRV_ON"。

③按向上方向键正转，按向下方向键反转。

（六）相关专业术语

（1）gripping manipulator：抓取机械手；

（2）servo motor：伺服电动机；

（3）servo driver：伺服驱动器；

（4）stepping motor：步进电动机；

（5）step driver：步进驱动器；

（6）origin switch：原点开关；

（7）limit switch：限位开关；

（8）magnetic switch：磁性开关；

（9）synchronous belt：同步带；

（10）synchronous wheel：同步轮；

（11）linear guide：直线导轨；

（12）drag chain：拖链；

（13）slide board：滑动溜板；

（14）guide pillar：导柱；

（15）pneumatic rotary platform：气动摆台；

（16）fixing board of the cylinder：气缸固定板；

（17）pneumatic gripper：气动手爪；

（18）the button/indicator light module：按钮/指示灯模块。

任务 1　输送单元硬件的安装与调试

一、任务目标

将输送单元的机械部分拆开成组件和零件的形式，然后再组装成原样。

根据项目的任务描述，本任务需要完成的工作如下：

（1）输送单元的机械安装与调试；

（2）输送单元的气路连接与调试；

（3）培养规范操作、安全操作的意识。

二、任务计划

根据任务需求，完成输送单元的硬件安装与调试，撰写实训报告，并制订表 6 - 5 所示的任务工作计划。

表 6 - 5　输送单元的硬件安装与调试任务的工作计划

序号	项目	内容	时间/min	人员
1	输送单元的硬件安装与调试	输送单元的机械安装与调试	30	全体人员
		输送单元的气路连接与调试	30	全体人员
		输送单元的传感器安装与调试	30	全体人员
		输送单元的伺服安装与调试	30	全体人员

序号	项目	内容	时间/min	人员
2	撰写实训报告	简述输送单元的机械安装过程	8	全体人员
		简述输送单元的气路连接过程	8	全体人员
		简述输送单元的硬件调试过程	8	全体人员
		简述输送单元的传感器安装过程	8	全体人员
		简述输送单元的伺服安装过程	8	全体人员

三、任务决策

按照工作计划表，按小组实施输送单元的硬件安装与调试，完成任务并提交实训报告。

四、任务实施

任务实施前指导教师必须强调做好安装前的准备工作，使学生养成良好的工作习惯，并进行规范的操作，这是培养学生良好工作素养的重要步骤。

（1）安装前，应对设备的零部件做初步检查以及必要的调整。

（2）工具和零部件应合理摆放，操作时将每次使用完的工具放回原处。

（一）机械的安装和调试

1. 直线运动组件的组装步骤

在工作台上定位并固定直线导轨组件。在 YL-335B 型自动化生产线各工作单元在工作台上的整体安装中，直线导轨组件的定位与固定是首先需要进行的工作，其他各工作单元在工作台上的布局均以固定在安装底板上的原点开关中心为基准。

图 6-22 所示为直线导轨组件在工作台上定位的尺寸要求。在沿 T 形槽方向，组件右端面与工作台右端面之间的距离为 60 mm；沿垂直 T 形槽方向，只需指定置入紧定螺栓的 T 形槽即可确定定位位置。

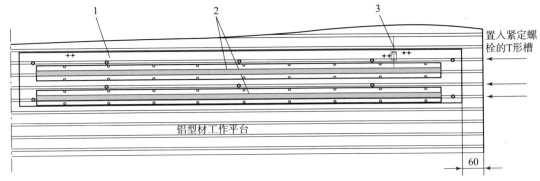

图 6-22　直线导轨组件在工作台上定位的尺寸要求

1—安装底板；2—圆柱形导轨；3—原点开关中心线

用于固定安装底板的紧定螺栓共 10 个。安装时，首先将 10 个紧定螺栓穿入底板的固定孔并旋上螺母（不要拧紧），然后沿相应的 T 形槽将直线导轨组件插入工作台，找准定位位置后将组件固定。注意：拧紧螺栓时必须按一定的顺序逐步进行，以确保抓取机械手装置运动平稳、受力均匀、运动噪声小。

（2）安装滑动溜板、同步带和同步轮，组成同步带传送装置。

①装配滑动溜板、四个滑块组件：将滑动溜板与两直线导轨上四个滑块的位置找准并加以固定，在拧紧固定螺栓时，应一边推动滑动溜板左右运动，一边拧紧螺栓，确保滑动溜板和滑块组件滑动顺畅。

②连接同步带。

a. 将连接了四个滑块的滑动溜板整体从导轨的一端取出，翻转放在导轨上。

b. 将同步带两端分别穿过主动同步轮和从动同步轮，在此过程中应注意两个同步轮安装支架的安装方向及相对位置。

c. 在滑动溜板的背面将同步带的两端用固定座固定，然后重新将滑块套入导轨。

注意：用于滚动的钢球嵌在滑块的橡胶套内，将滑块取出和放入导轨时必须避免橡胶套受到破坏而致使钢球掉落。

③分别将主动同步轮和从动同步轮安装支架固定在导轨安装底板上，注意保持连接、安装好的同步带平顺一致，然后调整好同步带的张紧度，锁紧螺栓。

图 6 - 23 所示分别给出了滑动溜板、主动同步轮组件和从动同步轮组件安装完成后的效果图。

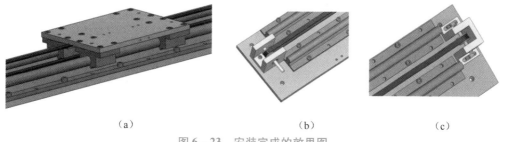

（a）   （b）   （c）

图 6 - 23　安装完成的效果图

（a）连接了同步带的滑动溜板效果图；（b）主动同步轮组件安装效果图；（c）从动同步轮组件安装效果图

3）安装伺服电动机，为同步带传送装置提供动力源。将电动机安装板固定在主动同步轮支架的相应位置，将电动机与电动机安装板活动连接，并在主动轴、电动机轴上分别套装同步轮，安装好同步带，调整电动机位置，锁紧连接螺栓，如图 6 - 24 所示。

注意：伺服电动机是一种精密装置，安装时切勿敲打其轴端，更不要拆卸电动机。另外，在以上各构成零件中，轴承以及轴承座均为精密机械零部件，拆卸以及组装需要较熟练的技能和专用工具，因此，不可轻易对其进行拆卸和组装。

完成上述安装后，装上左、右极限开关以及原点开关支架，最后完成直线运动组件的装配。

2. 拖链装置的安装

拖链装置由塑料拖链和拖链托盘组成。安装时，首先确定拖链托盘相对于直线运动组件的安装位置，将紧定螺母置入相应的 T 形槽中；接着固定拖链托盘，然后将塑料拖链铺放在托盘上，再固定拖链的左端，如图 6 - 25 所示。

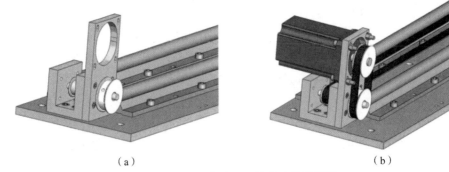

（a） （b）

图 6-24 伺服电动机组件的安装效果图

（a）伺服电动机安装支架固定在主动同步轮支架侧面；（b）装配伺服电动机组件

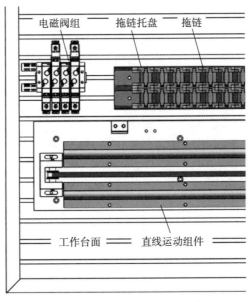

图 6-25 在工作台安装拖链装置

3. 抓取机械手装置的组装

（1）按表 6-6 所列的步骤组装提升机构。

表 6-6 提升机构的组装步骤

步骤	说明	示意图	装配说明
1	装配机械手的支承架		—

学习笔记

步骤	说明	示意图	装配说明
2	装配提升机构		—
3	装配薄型气缸、组件底板，完成组件装配		固定薄型气缸，组件底板的紧定螺栓均从底部向上旋入，装配时，请在步骤2完成后将组件翻转过来，以便于操作

（2）把摆动气缸（即手臂伸缩气缸）固定在组装好的提升机构上，然后在摆动气缸上固定导杆气缸安装板，如图6-26所示。安装时，要先找好导杆气缸安装板与摆动气缸连接的原始位置，以确保足够的回转角度。

（3）连接气动手指和导杆气缸，然后把导杆气缸固定到导杆气缸安装板上。装配完成的抓取机械手装置如图6-27所示。

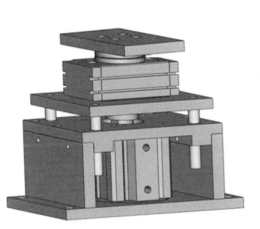

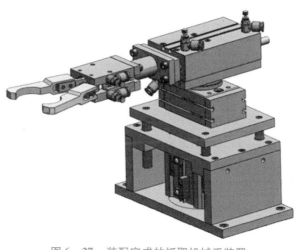

图6-26　安装摆动气缸和导杆气缸安装板　　　　图6-27　装配完成的抓取机械手装置

把抓取机械手装置固定到直线运动组件的滑动溜板上，再装上拖链连接器，并与拖链装置相连接，从而完成输送单元机械部分的安装，如图6-28所示。

（二）装置侧电气设备的安装、拖链配线的敷设及气路连接

1.装置侧电气设备的安装

装置侧电气设备包括原点开关、左/右极限开关、伺服驱动器、接线端口、电磁阀组及

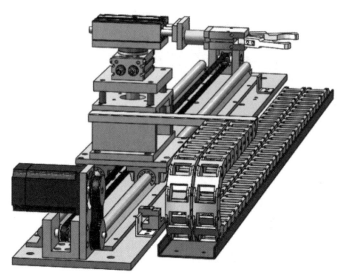

图 6-28　装配完成的输送单元机械部分

线槽等。伺服驱动器、接线端口、电磁阀组等设备安装位置的确定，应以连接管线便捷、便于操作、不妨碍运动部件的运行为原则。

2. 拖链配线的敷设

连接到抓取机械手装置上的管线首先绑扎在拖链带安装支架上，然后沿拖链带敷设，进入管线线槽中。绑扎管线时注意管线引出端到绑扎处要保持足够长度，以免机构运动时被拉紧而造成脱落。沿拖链敷设时注意管线不要相互交叉。

3. 气路连接

从拖链带引出的气管按图 6-7 所示插接到电磁阀组，气路连接完毕后应按规范绑扎（包括拖链带内的气管）气管。

（三）装置侧机械部件和气路的调试

（1）调试装置侧气路时，首先用各气缸电磁阀上的手动换向按钮验证各气缸的初始位置和动作位置是否正确。进一步调整气缸动作的平稳性时要注意，摆动气缸的转矩较大，应确保足够的气源压力，然后反复调整节流阀控制活塞杆的往复运动速度，使得气缸动作时无冲击和爬行现象。

（2）装置侧机械部件的装配和气动回路的连接完成以后，断开伺服装置电源，手动往复移动抓取机械手装置，测试直线运动组件的安装质量，并进行必要的调整。

五、任务检查

为保证任务能顺利可靠地开展下去，必须对任务的实施过程和结果进行检查。检查内容的设置原则主要包括两点：对影响到任务能否正常实施和完成质量的因素，要设置为检查内容，包括安全、操作、结果（中间结果和最终结果）等；所设置的检查内容应尽可能量化表达，以便于客观评价任务的实施。

本次任务的主要内容是：输送单元的机械、气路安装、调试，根据任务目标的具体内容，设置表 6-7 所示的检查表，在实施过程和终结时进行必要的检查并填报检查表。

表6-7 输送单元的硬件安装与调试任务检查表

项目	分值	评分要点	检查情况	得分
输送单元的机械安装与调试	30	安装正确,动作顺畅,紧固件无松动		
输送单元的气路连接与调试	20	气路连接正确、美观,无漏气现象,运行平稳		
输送单元的传感器安装与调试	20	安装正确,位置合理		
职业素养	30	分工合理,制订计划能力强,严谨认真;爱岗敬业,安全意识,责任意识,服从意识;团队合作,交流沟通,互相协作,分享能力;主动性强,保质保量完成工作页相关任务;能采取多样化手段收集信息、解决问题		
合计	100			

六、任务评价

严格按照任务检查表来完成本任务的实训内容,教师对学生实训内容完成情况进行客观评价,评价表见表6-8。

表6-8 输送单元的硬件安装与调试任务评价表

评价项目	评价内容	分值	教师评价
职业素养 30分	分工合理,制订计划能力强,严谨认真	5	
	爱岗敬业,安全意识,责任意识,服从意识	5	
	团队合作,交流沟通,互相协作,分享能力	5	
	遵守行业规范,现场6S标准	5	
	主动性强,保质保量完成工作页相关任务	5	
	能采取多样化手段收集信息、解决问题	5	
专业能力 60分	输送单元的机械安装与调试	20	
	输送单元的气路连接与调试	20	
	输送单元的传感器安装与调试	20	
创新意识 10分	创新性思维和行动	10	
合计		100	

扩展提升

总结输送单元机械、电气、气路安装及调试的过程和经验。

任务2 输送单元的 PLC 编程与调试

一、任务目标

(1) 完成 PLC 的 I/O 分配及接线端子分配；

(2) 完成系统安装接线，并校核接线的正确性；

(3) 完成 PLC 程序编制；

(4) 完成系统调试与运行；

(5) 发扬注重细节、一丝不苟、精益求精的工匠精神。

根据项目的任务目标，本任务需要完成的工作如下：

输送单元单站运行的目标是测试设备传送工件的功能。测试时，要求其他各工作单元已经就位，如图 6-29 所示。设备通电前，需将抓取机械手装置手动移到直线导轨中间位置，并在供料单元的出料台上放置一个工件。具体要求如下：

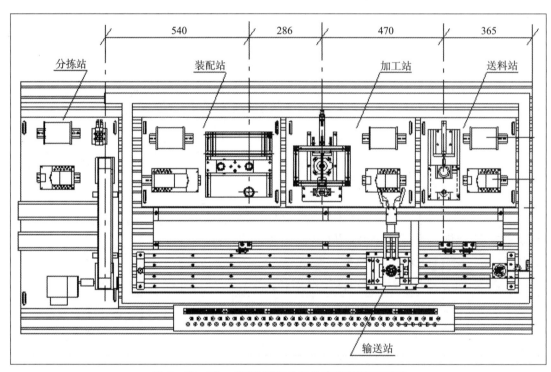

图 6-29　YL-335B 型自动化生产线安装平面图

(1) 设备通电且气源接通后，应按下复位按钮 SB2 执行复位操作，使各个气缸位于初始位置，抓取机械手装置回到原点位置。复位完成后，指示灯 HL1 常亮，表示设备已经准备好（注：气缸初始位置是指提升气缸位于下限位，摆动气缸位于右限位，伸缩气缸处于缩回状态，气动手指处于松开状态）。

(2) 当设备准备好，按钮/指示灯模块的方式选择开关 SA 置于"单站方式"位置时，按下启动按钮 SB1，设备启动，设备运行指示灯 HL2 常亮，开始功能测试过程。

(3) 正常功能测试。

①抓取机械手装置从供料单元出料台抓取工件。

②抓取动作完成后，抓取机械手装置向装配单元移动，移动速度不小于 200 mm/s。到达装配单元物料台的正前方后，把工件放到装配单元物料台上。

③放下工件动作完成 2 s 后，抓取机械手装置执行抓取装配单元工件的操作。

④抓取动作完成后，抓取机械手装置向加工单元移动，移动速度不小于 200 mm/s。到达加工单元物料台的正前方后，把工件放到加工单元物料台上。

⑤放下工件动作完成 2 s 后，抓取机械手装置执行抓取加工单元工件的操作。

⑥抓取动作完成后，摆动平台逆时针旋转 90°，抓取机械手装置向分拣单元移动，移动速度不小于 200 mm/s。到达后，在分拣单元进料口把工件放下。

⑦放下工件动作完成后，抓取机械手手臂缩回，摆动平台顺时针旋转 90°，然后以 250 mm/s 的速度返回，接近原点时，以 100 mm/s 的速度返回原点。

⑧当抓取机械手装置返回原点后，一个测试周期结束，系统停止运行。当供料单元的出料台上再次放置工件时，再按一次启动按钮 SB1 即可开始新一轮的测试。

（4）系统运行的紧急停车测试。若在工作过程中按下急停按钮 QS，系统将立即停止运行。急停按钮复位后，系统从急停前的断点开始继续运行。

二、任务计划

根据任务需求，完成输送单元的 PLC 编程与调试，撰写实训报告，并制订表 6 - 9 所示的任务工作计划。

表 6 - 9   输送单元的 PLC 编程与调试任务的工作计划

序号	项目	内容	时间/min	人员
1	输送单元的 PLC 编程与调试	完成 PLC 的 I/O 分配及接线端子分配	30	全体人员
		完成系统安装接线，并校核接线的正确性	30	全体人员
		完成 PLC 程序编制	30	全体人员
		完成系统调试与运行	30	全体人员
2	撰写实训报告	绘制 PLC 的 I/O 分配表	10	全体人员
		绘制系统安装接线图	10	全体人员
		编写 PLC 梯形图程序	10	全体人员
		描述系统调试过程	10	全体人员

三、任务决策

按照工作计划表，按小组实施输送单元的 PLC 编程与调试，完成任务并提交实训报告。

四、任务实施

（一）输送单元接线端口信号端子的分配

1. 装置侧的接线端口信号端子的分配

装置侧的电气接线工作包括：抓取机械手装置各气缸上的驱动线圈和磁性开关的引出

线、原点开关、左/右极限开关的引出线，以及伺服驱动器控制线等连接到输送单元装置侧的接线端口。输送单元装置侧的接线端口信号端子的分配见表6-10。

表6-10　输送单元装置侧的接线端口信号端子的分配

输入端口中间层			输出端口中间层		
端子号	设备符号	信号线	端子号	设备符号	信号线
2	BG1	原点开关检测	2	PULS	伺服电动机脉冲
3	SQ1_K	右限位保护	3	—	—
4	SQ2_K	左限位保护	4	DIR	伺服电动机方向
5	1B1	提升机构下限	5	1Y	提升机构上升
6	1B2	提升机构上限	6	2Y1	手臂左转驱动
9	2B1	手臂旋转左限	7	2Y2	手臂右转驱动
10	2B2	手臂旋转右限	8	3Y	手爪伸出驱动
11	3B1	手臂伸出到位	9	4Y1	手爪夹紧驱动
12	3B2	手臂缩回到位	10	4Y2	手爪放松驱动
13	4B	手指夹紧检测			
14	ALM +	伺服报警信号			

2. PLC 侧的接线端口信号端子的分配

输送单元PLC的输入信号主要来自按钮/指示灯模块的按钮或开关主令信号、各构件的传感器信号等；输出信号包括输出到抓取机械手装置各电磁阀的控制信号和输出到伺服电动机及驱动器的脉冲信号和驱动方向信号，以及为显示设备的工作状态而输出到按钮/指示灯模块的信号。由于需要输出驱动伺服电动机的高速脉冲，故PLC应采用晶体管输出型。

根据输送单元装置侧的I/O信号分配和工作任务的要求，选用S7-200SMART系列的CPUSR40PLC，它有24点输入和16点输出。输送单元PLC的I/O信号分配见表6-11。

表6-11　输送单元PLC的I/O信号分配

输入信号				输出信号			
序号	PLC 输入点	信号名称	信号来源	序号	PLC 输出点	信号名称	信号 来源
1	I0.0	原点开关检测（BG1）		1	Q0.0	伺服电动机脉冲（PULS）	
2	I0.1	右限位保护（SQ1_K）		2	Q0.2	伺服电动机方向（DIR）	
3	I0.2	左限位保护（SQ2_K）		3	Q0.3	提升机构上升（1Y）	
4	I0.3	提升机构下限（1B1）	装置侧	4	Q0.4	手臂左转驱动（2Y1）	装置侧
5	I0.4	提升机构上限（1B2）		5	Q0.5	手臂右转驱动（2Y2）	
6	I0.5	手臂旋转左限（2B1）		6	Q0.6	手爪伸出驱动（3Y）	
7	I0.6	手臂旋转右限（2B2）		7	Q0.7	手爪夹紧驱动（4Y1）	

输入信号				输出信号			
序号	PLC 输入点	信号名称	信号来源	序号	PLC 输出点	信号名称	信号 来源
8	I0.7	手臂伸出到位（3B1）	装置侧	8	Q1.0	手爪放松驱动（4Y2）	装置侧
9	I1.0	手臂缩回到位（3B2）					
10	I1.1	手指夹紧检测（4B）					
11	I1.2	伺服报警信号 （ALM＋）					
12	I2.4	启动按钮（SB1）	按钮/ 指示灯 模块	9	Q1.5	准备就绪指示（黄 HL1）	按钮/ 指示灯 模块
13	I2.5	复位按钮（SB2）		10	Q1.6	设备运行指示（绿 HL2）	
14	I2.6	急停按钮（QS）		11	Q1.7	停止指示（红 HL3）	
15	I2.7	方式选择（SA）					

（二）绘制 PLC 控制电路图

输送单元 PLC 的 I/O 接线如图 6－30 所示。其中，输入点 I0.1 和 I0.2 分别与右、左极限开关 SQ1 和 SQ2 常开触点连接，给 PLC 提供越程故障信号。以右越程故障为例，当故障发生时，右极限开关 SQ1 动作，其常闭触点断开，向伺服驱动器发出报警信号，使伺服驱动器发生 Err38.0 报警；同时，SQ1 常开触点接通，越程故障信号输入 PLC 伺服电动机立即停止，PLC 接收到故障信号后立即做出故障处理，从而使系统运行的可靠性得以提高。

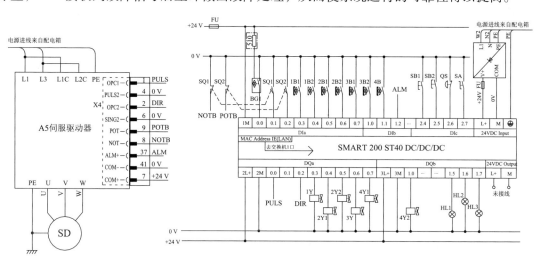

图 6－30　输送单元 PLC 的 I/0 接线原理图

（三）PLC 控制电路的电气接线和调试

1. 装置侧接线

（1）把输送单元各传感器信号线、电源线、0 V 线按规定接至装置侧左边较宽的接线端子排。

（2）把输送单元电磁阀的信号线接至装置侧右边较窄的接线端子排。

2．PLC 侧接线

PLC 侧接线包括电源接线、PLC 输入/输出端子的接线以及按钮/指示灯模块的接线 3 个部分。PLC 侧接线端子排为双层两列端子，左边较窄的一列主要接 PLC 的输出端口信号，右边较宽的一列接 PLC 的输入端口信号。两列中的下层分别接 24 V 电源和 0 V 端。左列上层接 PLC 的输出信号口，右列上层接 PLC 的输入信号口。PLC 的按钮接线端子接至 PLC 的输入信号口，信号指示灯信号端子接至 PLC 的输出信号口。

3．接线注意事项

（1）装置侧接线端口中，输入信号端子的上层端子（24 V）只能作为传感器的正电源端，切勿用于连接电磁阀等执行元件的负载。

（2）电磁阀等执行元件的正电源端和 0 V 端应连接到输出信号下层的相应端子上。

（3）装置侧接线完成后，应用扎带绑扎，力求整齐美观。

（4）电气接线的工艺应符合国家职业标准的规定，例如，导线连接到端子时，采用端子压接方法；连接线须有符合规定的标号；每一端子连接的导线不超过两根等。

4．接线调试

电气接线的工艺应符合有关专业规范的规定。接线完毕，应借助 PLC 编程软件的状态监控功能校核接线的正确性。

（四）运动轴控制功能

S7 – 200 SMART PLC 具有标准型晶体管输出的 CPU，集成了三个脉冲输出通道（Q0.0、Q0.1、Q0.3），支持高速脉冲频率（20 Hz ~ 100 kHz）。在 YL – 335B 型自动化生产线中，当采用运动轴 0 时，是通过固定组合 Q0.0 + Q0.2 实现电动机的运动与方向控制的。其中，Q0.0 用于脉冲输出，Q0.2 用于方向控制。不同于 S7 – 200 可以通过 PLS 指令实现 PTO 脉冲输出，在 S7 – 200 SMART CPU 中只能通过运动控制向导生成子程序来实现 PTO 脉冲输出。

1．运动控制向导组态

单击 STEP 7 – Micro/WIN SMART "工具" 菜单功能区 "向导" 区域中的 "运动" 按钮，弹出 "运动控制向导" 对话框，按下面步骤设置运动控制参数。

1）轴及其基本属性组态

（1）组态轴的选择：如图 6 – 31 所示，S7 – 200 SMART CPU 提供 3 个轴用于运动控制，本项目选择默认的 "轴 0（轴 0）"。每次操作完成后单击 "下一个 >" 按钮。

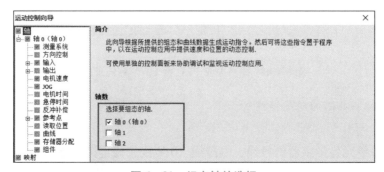

图 6 – 31　组态轴的选择

（2）测量系统组态。在"运动控制向导"对话框左侧的项目树中选中"测量系统"，如图 6 – 32 所示。在"选择测量系统"下拉列表中可选择"工程单位"或"相对脉冲"。如果选择"工程单位"，则需要设置电动机旋转一周所需脉冲数、测量的基本单位和电动机每转一周负载轴的实际位移。本项目选择"相对脉冲"。

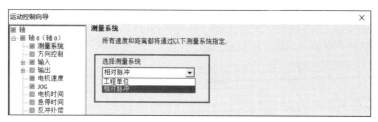

图 6 – 32　测量系统组态

（3）方向控制组态。在运动控制向导对话框左侧的项目树中选中"方向控制"，如图 6 – 33 所示，图中各对应项的含义如下。

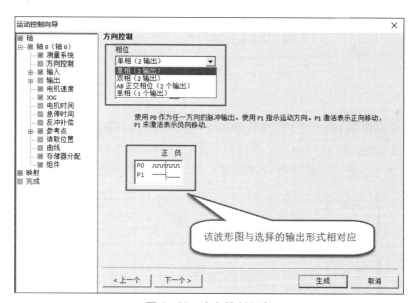

图 6 – 33　方向控制组态

①单相（2 输出）：向导将为 S7 – 200 SMART 分配两个输出点，一个点用于脉冲输出，一个点用于控制方向。

②双相（2 输出）：向导将为 S7 – 200 SMART 分配两个输出点，一个点用于发送正向脉冲，一个点用于发送负向脉冲。

③AB 正交相位（2 个输出）：向导将为 S7 – 200 SMART 分配两个输出点，一个点发送 A 相脉冲，一个点发送 B 相脉冲，A、B 相脉冲的相位差为 90°。

④单相（1 个输出）：向导将为 S7 – 200 SMART 分配一个输出点，此点用于脉冲输出，S7 – 200 SMART 的运动控制功能不再控制方向，方向可由用户自己编程控制。

本项目选择"单相（2 输出）"，"极性"选择"正"。

2）输入组态

输入组态主要包括正极限 LMT +、负极限 LMT −、参考点开关输入 RPS、零脉冲 ZP、STP 以及 TRIG 输入信号。其中，STP 信号输入可让 CPU 停止脉冲输出。本项目中只使用了 RPS 信号。

在"运动控制向导"对话框左侧的项目树中双击"输入"，在弹开的项目中选择"RPS"，即选择参考点开关输入 RPS 信号，对话框如图 6 – 34 所示，勾选"已启用"，本项目中"输入"选择"I0.0"。同时须选择激活参考点的电平状态，上限为高电平有效，下限为低电平有效。

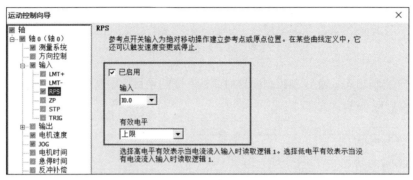

图 6 – 34　参考点开关输入 RPS

3）输出组态

输出组态主要包括 DIS、电机速度、JOG、电机时间、急停时间、反冲补偿。其中，DIS 输出可用来禁止或使能电机驱动器。本项目所涉及的输出组态如下。

（1）电机速度组态，电机速度设置如图 6 – 35 所示，图中各对应项的含义如下。

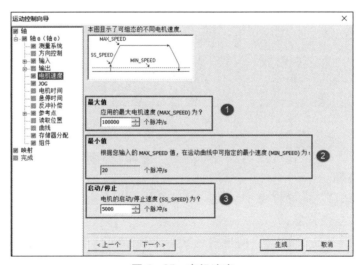

图 6 – 35　电机速度

①最大值：电机转矩范围内系统最大的运行速度。

②最小值：此数值根据最大电机速度由系统自动计算给定。

③启动/停止：能够驱动负载的最小转矩对应的速度，可以考虑按最大值（MAX-SPEED）的5%～15%设定。如果启动/停止速度（SS_SPEED）数值过低，电机与负载在运动的开始和结束时可能会摇摆或颤动；如果启动/停止速度（SS_SPEED）数值过高，电机会在启动时丢失脉冲，并且负载在试图停止时会使电机超速。

（2）电机时间组态，电机时间设置如图6－36所示，图中各对应项的含义如下。

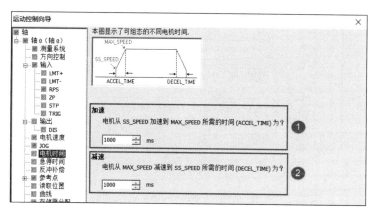

图6－36　电机时间

①加速：定义轴的加速时间，默认值为1 000 ms。

②减速：定义轴的减速时间，默认值为1 000 ms。

这两个参数需要根据工艺要求及实际的生产机械测试得出。如果需要系统有更高的电机速度响应特性，则需要将加、减速时间减小，如图6－37所示。测试时，在保证安全的前提下建议逐渐减小此值，直到电机出现轻微抖动，基本就达到系统加、减速的极限。除此之外，还需要注意与CPU连接的伺服驱动器加、减速时间的设置，向导中的设置只是定义了CPU输出脉冲的加、减速时间，如果希望使用此加、减速时间作为整个系统的加、减速时间，则可以考虑将驱动器侧的加、减速时间设为最小，以尽快响应CPU输出脉冲的频率变化。

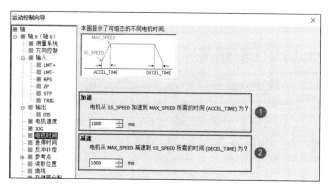

图6－37　电机时间

4）参考点（RP）组态

（1）参考点速度及方向组态。在"运动控制向导"对话框左侧的项目树中双击"参考点"，在弹开的项目中选择"查找"，其速度和方向设置如图6-38所示，图中各对应项的含义如下。

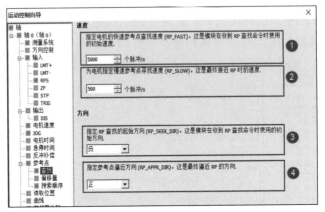

图6-38　参考点速度、方向组态

①速度：设定快速参考点查找速度（RP_FAST）；设定慢速参考点寻找速度（RP_SLOW）。

②方向：设定参考点查找的起始方向（RP_SEEK_DIR）；设定参考点的逼近方向（RP_APPR_DIR）。

此处参考点的设置为主动寻找参考点，即触发寻参功能后，轴会按照预先确定的搜索顺序执行参考点搜索。首先，轴将按照RP_SEEK_DIR设定的方向以RP_FAST设定的速度运行，在碰到参考点后会减速至RP_SLOW设定的速度，最后根据设定的寻参模式以RP_APPR_DIR设定的方向逼近参考点。

（2）参考点搜索顺序组态，如图6-39所示。

①模式1：将参考点定位在左右极限之间，RPS区域的一侧。

②模式2：将参考点定位在RPS输入有效区的中心。在装配单元Ⅱ中查找原点时，应选择模式2。

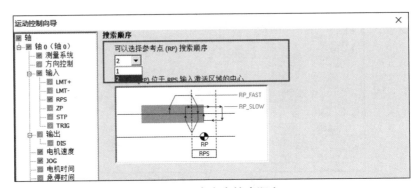

图6-39　参考点搜索顺序

5）组件选择及I/O映射

向导配置结束后，在指令清单中如果不想选择某项或某几项，则可将图6-40所示中右侧"组件"复选框中的钩去掉，最后在生成子程序时就不会出现上述指令，从而减少向导占用 V 存储区的空间。

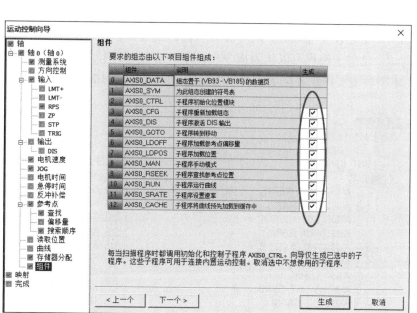

图 6-40　组件选择

在完成运动控制向导组态的设置后，生成的 I/O 映射表如图 6-41 所示。用户可以在此查看组态的功能分别对应到哪些输入/输出点，并据此设计程序与实际接线。

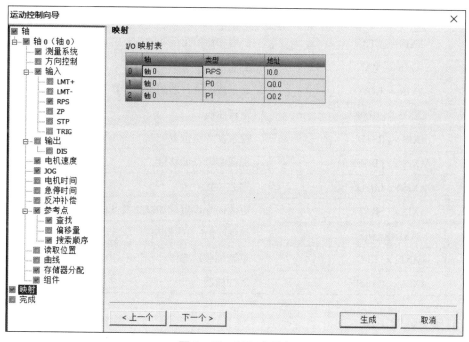

图 6-41　I/O 映射表

由于向导组态设置完成后需要占用 V 存储区空间，故用户需要特别注意此连续数据区不能被其他程序占用。

2. 运动控制指令

运动控制向导组态设置完成后，向导会为所选的配置最多生成 11 个子例程（子程序），如图 6-42 所示。这些子例程可以作为指令在程序中被直接调用，如图 6-43 所示，其功能见表 6-12。本项目主要讲述装配单元 Ⅱ 中用到的部分运动控制指令。

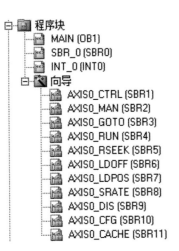

图 6-42　生成的子例程

图 6-43　可调用的子例程

表 6-12　运动控制指令及其功能

指令	功能
AXIS×_CTRL	启用和初始化运动轴
AXIS×_MAN	手动模式
AXIS×_GOTO	命令运动轴移动到所需位置
AXIS×_RUN	运行曲线
AXIS×_RSEEK	搜索参考点位置
AXIS×_LDOFF	加载参考点偏移量
AXIS×_LDPOS	加载位置
AXIS×_SRATE	更改向导设置的加减速及 S 曲线时间
AXIS×_DIS	使能/禁止 DIS 输出
AXIS×_CFG	更新加载组态
AXIS×_CACHE	缓冲曲线

1）启用并初始化轴

AXIS×_CTRL 子程序（控制，见图 6-44）功能：启用和初始化运动轴，自动命令运动轴每次在 CPU 更改为 RUN 模式时加载组态/曲线表。

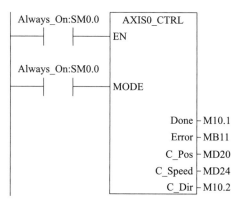

图 6 - 44　AXIS0_CTRL

在项目中只对每条运动轴使用此子程序一次，并确保程序在每次扫描时会调用此子程序；使用 SM0.0（始终开启）作为 EN 参数的输入。

管脚含义：

MODE：启用模块。1 = 可发送命令；0 = 中止进行中的任何命令。

Done：完成标志位。

Error：错误代码（字节）。

C_Pos：轴的当前位置（绝对定位或者相对定位）。工程单位：Real 型数据；相对脉冲：DINT型数据。

C_Speed：轴的当前速度，Real 型数据。

C_Dir：轴的当前方向（1 = 反向，0 = 正向）。

2）手动控制轴

AXIS × _MAN 子例程（手动模式，见图 6 - 45）的功能：将运动轴置为手动模式。此种模式允许电机按不同的速度运行，或沿正向或负向慢进。

在同一时间仅能启用 RUN、JOG_P 或 JOG_N输入之一。

管脚含义：

RUN：1 = 轴手动运行（速度与方向分别由Speed 和 Dir 管脚控制）；0 = 停止手动控制。

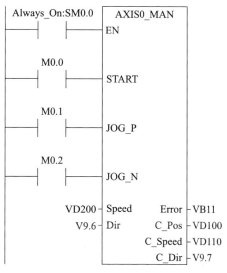

图 6 - 45　AXIS0_MAN

JOG_P：1 = 正转点动控制。

JOG_N：1 = 反转点动控制。

Speed：RUN 运行时的目标速度，Real 型数据。

Dir：RUN 运行时的方向。

Error：错误代码（字节）。

C_Pos：轴当前位置（绝对定位或者相对定位）。工程单位：Real 型数据；相对脉冲：DINT 型数据。

C_Speed：轴当前速度，Real 型数据。

C_Dir：轴当前方向（1 = 反向，0 = 正向）。

3）绝对或者相对定位

AXIS × _GOTO 子程序（见图 6 - 46）的功能：命令运动轴移动到所需位置。

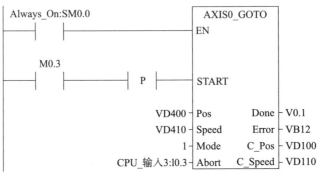

图 6 - 46　AXIS0_GOTO

管脚含义：

START：每接通一个扫描周期，就执行一次定位。

Pos：目标位置（绝对定位为坐标点，相对定位为两点间距离）。工程单位：Real 型数据；相对脉冲：DINT 型数据。

Speed：目标速度，Real 型数据。

MODE：移动模式。0：绝对位置；1：相对位置；2：单速连续正向旋转；3：单速连续反向旋转。

Abort：停止正在执行的运动。

Done：完成标志位。

Error：错误代码（字节）。

C_Pos：轴当前位置（绝对定位或者相对定位）。工程单位：Real 型数据；相对脉冲：DINT 型数据。

C_Speed：轴当前速度，Real 型数据。

4）查找参考点

AXIS × _RSEEK 子程序（搜索参考点位置，见图 6 - 47）的功能：使用组态/曲线表中的搜索方法启动参考点搜索操作。

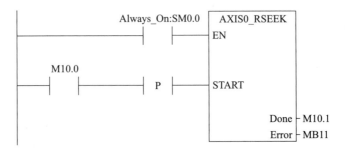

图 6 - 47　AXIS0_RSEEK

运动轴找到参考点且运动停止后，运动轴将 RP_OFFSET 参数值载入当前位置。

管脚含义：

START：每接通一个扫描周期，就执行一次查找参考点（参考点查找方式由轴组态确定）操作。

Done：完成标志位。

Error：错误代码（字节）。

5）加载参考点偏移量

AXIS×_LDOFF 子程序（加载参考点偏移量，见图 6 - 48）的功能：建立一个与参考点处于不同位置的新的零位置。

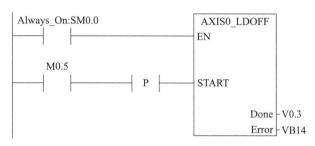

图 6 - 48　AXIS0_LDOFF

在执行该子程序之前，必须首先确定参考点的位置，且必须将机器移至起始位置。

当子程序发送 LDOFF 命令时，运动轴计算起始位置（当前位置）与参考点位置之间的偏移量，然后将计算出的偏移量存储到 RP_OFFSET 并将当前位置设为 0，即将起始位置建立为零位置。

如果电机失去对位置的追踪（例如断电或手动更换电机的位置，见图 6 - 49），则可以使用 AXIS×_RSEEK 子程序重新自动建立零位置。

管脚含义：

START：每接通一个扫描周期，就执行一次加载参考点偏移量操作。

Done：完成标志位。

Error：错误代码（字节）。

6）加载位置

AXIS×_LDPOS 子程序（加载位置，见图 6 - 49）的功能：将运动轴中的当前位置值更改为新值。此外，还可以使用 AXIS×_LDPOS 子程序为任何绝对移动命令建立一个新的零位置。

管脚含义：

START：每接通一个扫描周期，就执行一次加载位置操作。

New_Pos：要加载为当前位置的值。

Done：完成标志位。

Error：错误代码（字节）。

C_Pos：轴当前位置（绝对定位或者相对定位）。工程单位：Real 型数据；相对脉冲：DINT 型数据。

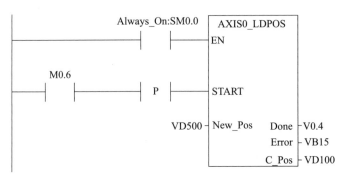

图 6-49　AXIS0_LDPOS

7）执行曲线运动

AXIS×_RUN 子程序（运行曲线，见图 6-50）的功能：命令运动轴按照存储在组态/曲线表的特定曲线执行运动操作。

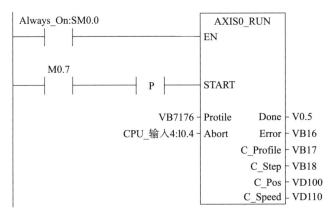

图 6-50　AXIS0_RUN

管脚含义：

START：每接通一个扫描周期，就执行一次设定的曲线运动操作。

Profile：需要执行的曲线（由地址存储）。

Abort：停止当前执行的曲线。

Done：完成标志。

Error：错误代码（字节）。

C_Profile：正在运行的曲线。

C_Step：正在运行曲线内当前执行的步。

C_Pos：轴当前位置（绝对定位或者相对定位）。工程单位：Real 型数据；相对脉冲：DINT 型数据。

C_Speed：轴当前速度，Real 型数据。

（五）输送单元的程序设计

输送站的程序设计是整个项目的重点，也是难点。程序设计的首要任务是理解输送站的工艺要求和控制过程，在充分理解其工作过程的基础上，绘制程序流程图，然后根据流程图来编写程序，而不是单靠经验来编程，只有这样才能取得事半功倍的效果。

1. 顺序功能图

由输送站的工艺流程（见项目描述部分）可以绘制输送站的主程序、输送站初态检查子程序、输送站输送控制子程序、输送站抓料子程序和输送站放料子程序的顺序功能图。

1）主程序

主程序是一个周期循环扫描的程序。通电短暂延时后进行初态检查，即可调用初态检查子程序。如果初态检查不成功，则说明设备未就绪，也就是说不能启动输送站使之运行；如果初态检查成功，则会返回成功回原点标志，这样设备进入准备就绪状态，允许启动。启动后，系统进入运行状态，此时主程序在每个扫描周期都会调用运行控制子程序。如果在运行状态下发出停止指令，则系统运行一个周期后转入停止状态，等待系统下一次启动。

输送站主程序顺序功能图如图 6-51 所示。

2）初态检查子程序

输送站初态检查子程序顺序功能图如图 6-52 所示。该子程序主要完成抓取机械手初始状态复位和返回原点操作。当抓取机械手手爪松

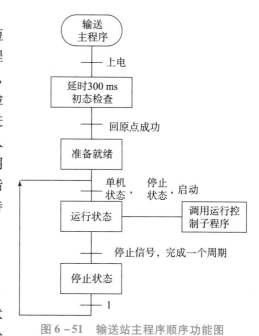

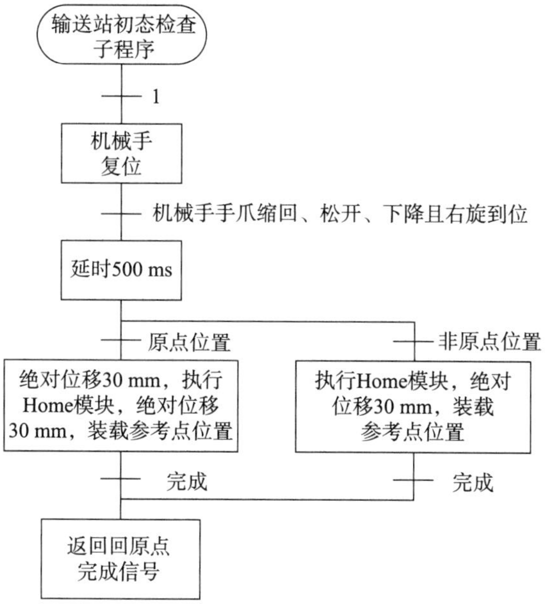

图 6-51　输送站主程序顺序功能图

图 6-52　输送站初态检查子程序顺序功能图

开、右旋、下降、缩回 4 个状态条件满足要求时，表示抓取机械手处于初始状态，延时 500 ms 后执行回原点操作。当抓取机械手正好位于原点位置时，则执行绝对位移 30 mm→执行 Home 模块→绝对位移 30 mm→装载参考点位置→回原点成功标志；当抓取机械手位于原点左侧位置时（不可能位于原点右侧），则直接执行 Home 模块→绝对位移 30 mm→装载参考点位置→回原点成功标志。

3）输送控制子程序

输送控制子程序是一个步进程序，可以采用置位和复位的方法来编程，也可以用西门子特有的顺序继电器指令（SCR 指令）来编程。输送控制子程序编程思路如下：抓取机械手正常返回原点后，机械手伸出抓料→绝对位移 430 mm，移动到加工站→放料，延时 2 s，抓取机械手抓料→绝对位移 780 mm，移动到装配站→放料，延时 2 s，抓料，抓取机械手左旋 90°→绝对位移 1 050 mm，移动到分拣站→放料→高速返回至绝对位置 200 mm 处，抓取机械手右旋→低速返回原点，即完成一个周期的操作。其顺序功能图如图 6-53 所示。

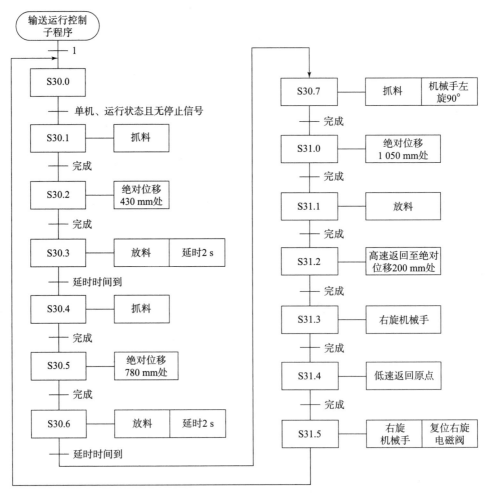

图 6-53　输送站输送控制子程序顺序功能图

4）抓料子程序

输送站抓料子程序也是一个步进程序，可以采用置位和复位的方法来编程，也可以用西门子特有的顺序继电器指令（SCR 指令）来编程。其工艺控制过程为：手爪伸出→延时 300 ms→手爪夹紧→延时 300 ms→抓取机械手提升→手爪缩回，控制手爪夹紧的电磁阀复位→返回子程序入口。其顺序功能图如图 6–54 所示。

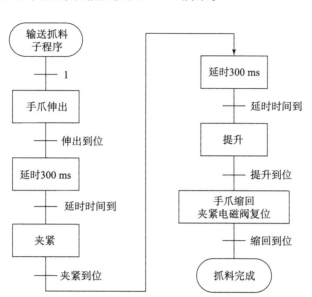

图 6–54　输送站抓料子程序顺序功能图

5）放料子程序

输送站放料子程序也是一个步进程序，可以采用置位和复位的方法来编程，也可以用西门子特有的顺序继电器指令（SCR 指令）来编程。其工艺控制过程为：手爪伸出→延时 300 ms→抓取机械手下降→延时 300 ms→手爪松开→手爪缩回，控制手爪松开的电磁阀复位→返回子程序入口。其顺序功能图如图 6–55 所示。

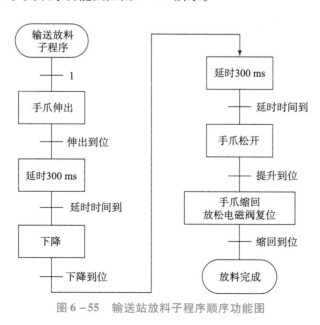

图 6–55　输送站放料子程序顺序功能图

学习笔记

2. 梯形图程序

1）主程序（见图6－56）

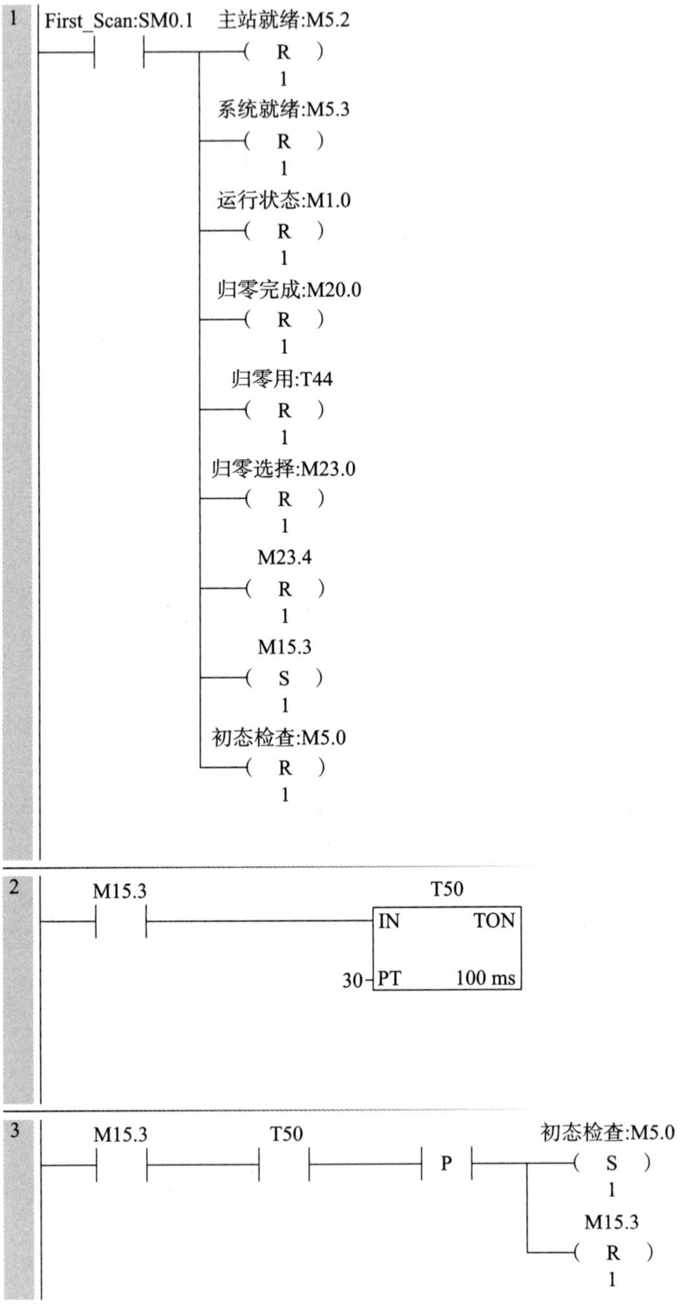

图6－56 主程序梯形图

4

Always_On:SM0.0
```
 ┤ ├                        ┌──────────────┐
                            │  AXISO_CTRL  │
                            │EN            │
急停按钮:I2.6                 │              │
 ┤ ├                        │MODE          │
                            │              │
                            │         Done │─ V0.0
                            │        Error │─ VB1
                            │        C_Pos │─ VD506
                            │      C_Speed │─ VD8
                            │        C_Dir │─ V0.1
                            └──────────────┘
```

5

左限位:I0.2   越程故障:M0.7
 ┤ ├   ─(S)

右限位:I0.1
 ┤ ├

6

越程故障:M0.7   运行状态:M1.0
 ┤ ├   ─(R)
                     1

7

方式切换:I2.7   主站就绪:M5.2   单站复位:I2.5   运行状态:M1.0   初态检查:M5.0
 ┤/├   ┤/├   ┤ ├   ┤/├   ─(S)
                                                             1

8

初态检查:M5.0   归零用:T44
 ┤ ├   ┤ P ├   ─(R)
                               1
                             T45
                             ─(R)
                               1
                             归零完成:M20.0
                             ─(R)
                               1
                             归零选择:M23.0
                             ─(R)
                               1
                             归零选择2:M23.1
                             ─(R)
                               1
                             M23.4
                             ─(R)
                               1

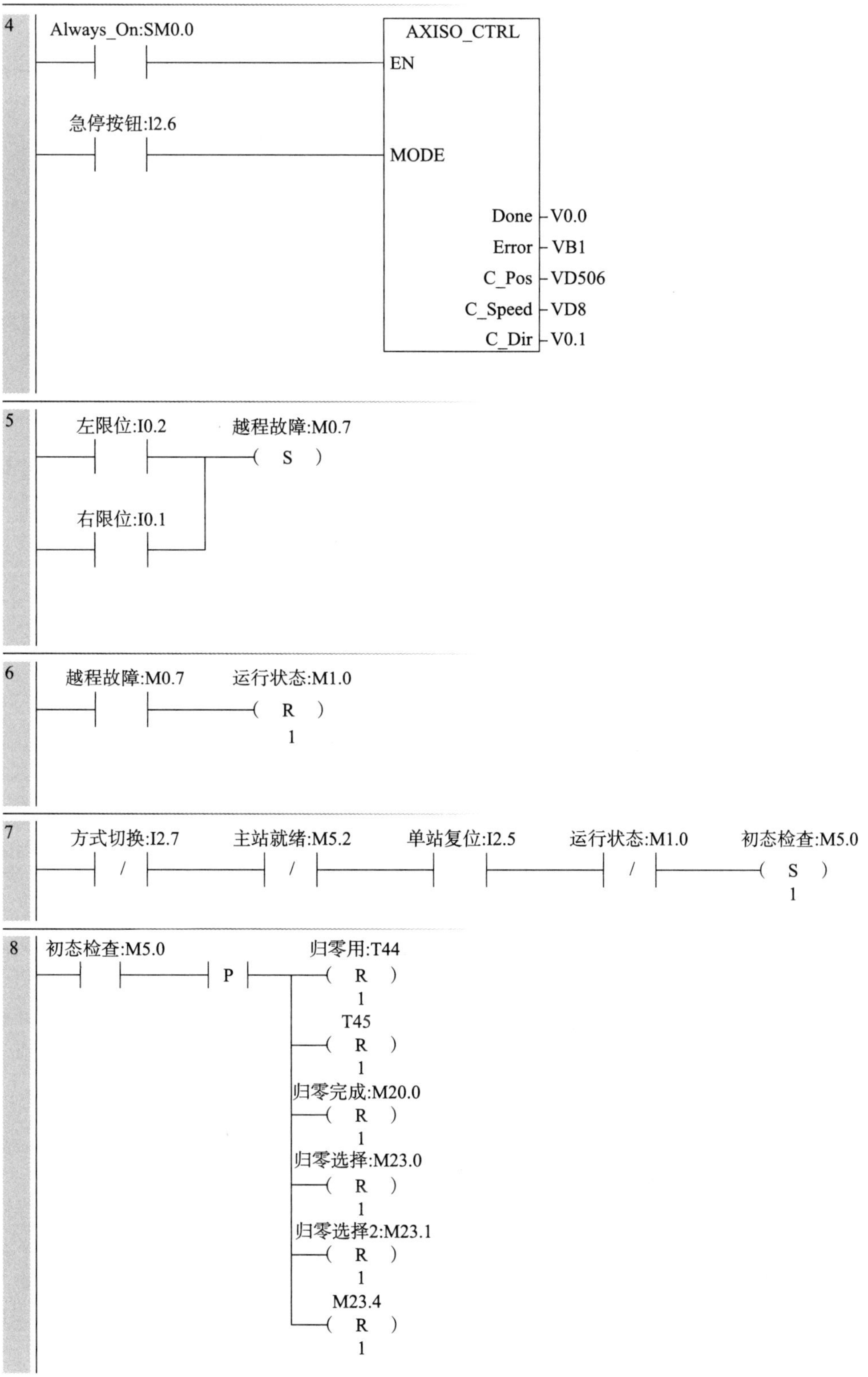

图 6-56　主程序梯形图（续）

9
初态检查:M5.0 ── 初态检查复位 EN

10
急停按钮:I2.6 归零完成:M20.0 初始位置:M5.1 初态检查:M5.0 主站就绪:M5.2 ─(S)─ 1
初态检查:M5.0 ─(R)─ 1

11
急停按钮:I2.6 归零完成:M20.0 初始位置:M5.1 ─NOT─ 运行状态:M1.0 / 主站就绪:M5.2 主站就绪:M5.2 ─(R)─ 1

12
主站就绪:M5.2 运行状态:M1.0 / 方式切换:I2.7 / 启动按钮:I2.4 运行状态:M1.0 ─(S)─ 1
S30.0 ─(S)─ 1

13
运行状态:M1.0 急停按钮:I2.6 ── 运动控制 EN

14
周期完成:M3.6 S30.0 运行状态:M1.0 运行状态:M1.0 ─(R)─ 1
周期完成:M3.6 ─(R)─ 1

15
Clock_1s:SM0.5 主站就绪:M5.2 / 方式切换:I2.7 / HL1黄灯:Q1.5 ─( )─
主站就绪:M5.2

16
运行状态:M1.0 方式切换:I2.7 / HL2绿灯:Q1.6 ─( )─

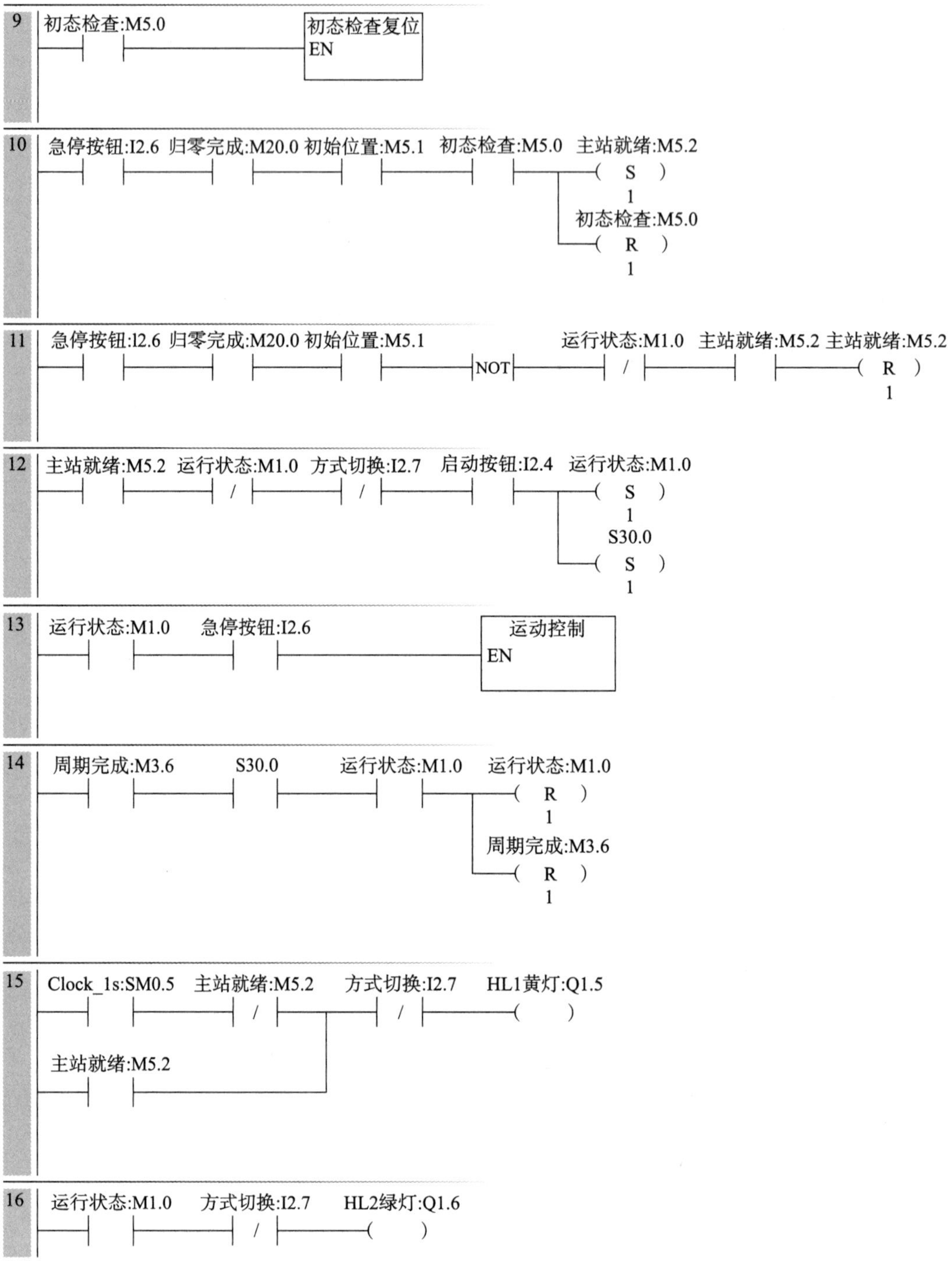

图 6−56 主程序梯形图（续）

2）初态检查子程序（见图 6 - 57）

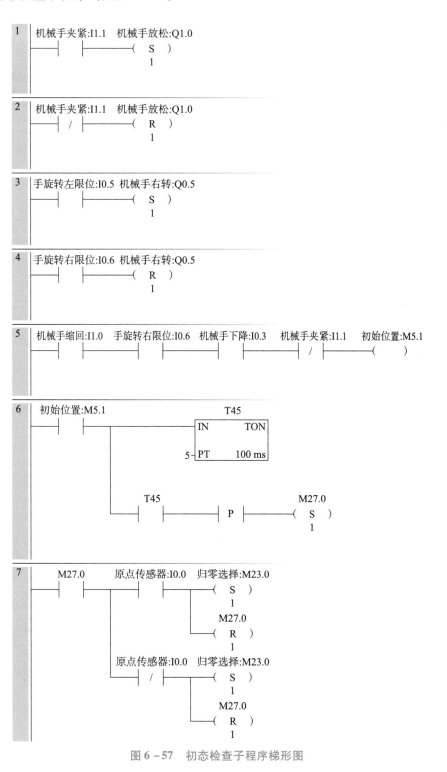

图 6 - 57　初态检查子程序梯形图

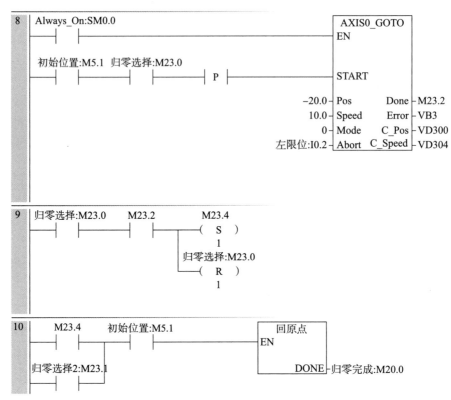

图 6 - 57 初态检查子程序梯形图（续）

3）回原点子程序（见图 6 - 58）

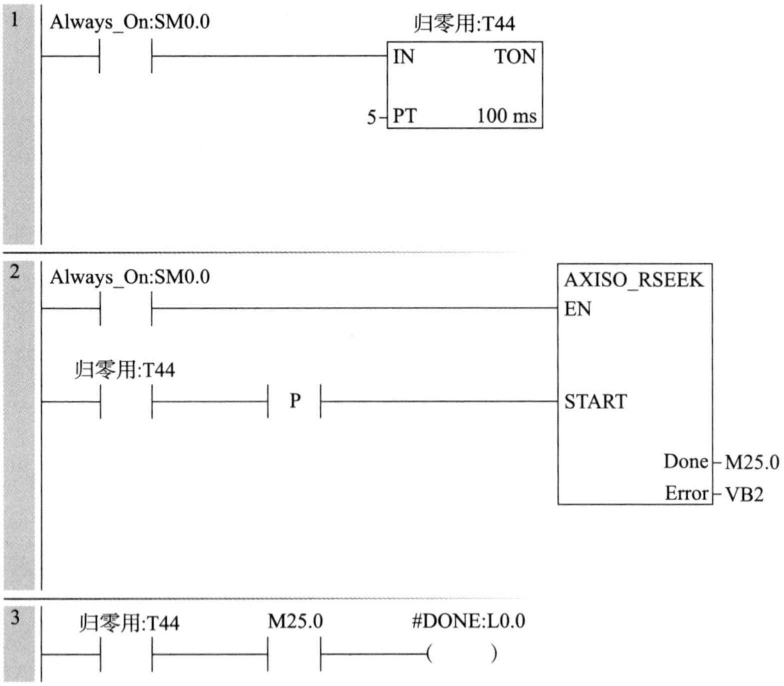

图 6 - 58 回原点子程序梯形图

4）运行控制子程序（见图 6 - 59）

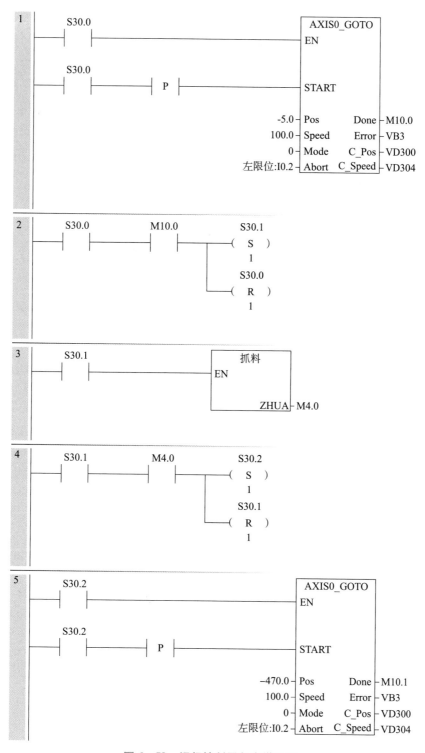

图 6 - 59　运行控制子程序梯形图

6

```
  S30.2      M10.1              S30.3
───┤├────────┤├──────────┬────( S )
                         │       1
                         │     S30.2
                         └────( R )
                                 1
```

7

```
  S30.3                      ┌─────────────┐
───┤├─────────────────────── │     抓料     │
                             │ EN          │
                             │             │
                             │    ZHUA├M4.0│
                             └─────────────┘
```

8

```
  S30.3      M4.1                   T101
───┤├────────┤├─────────────── ┌─────────────┐
                               │ IN      TON │
                               │             │
                           20─ │ PT   100 ms │
                               └─────────────┘
```

9

```
  S30.3      M101               S30.4
───┤├────────┤├──────────┬────( S )
                         │       1
                         │     S30.3
                         └────( R )
                                 1
```

10

```
  S30.4                      ┌─────────────┐
───┤├─────────────────────── │     抓料     │
                             │ EN          │
                             │             │
                             │    ZHUA├M4.2│
                             └─────────────┘
```

11

```
  S30.4      M4.2               S30.5
───┤├────────┤├──────────┬────( S )
                         │       1
                         │     S30.4
                         └────( R )
                                 1
```

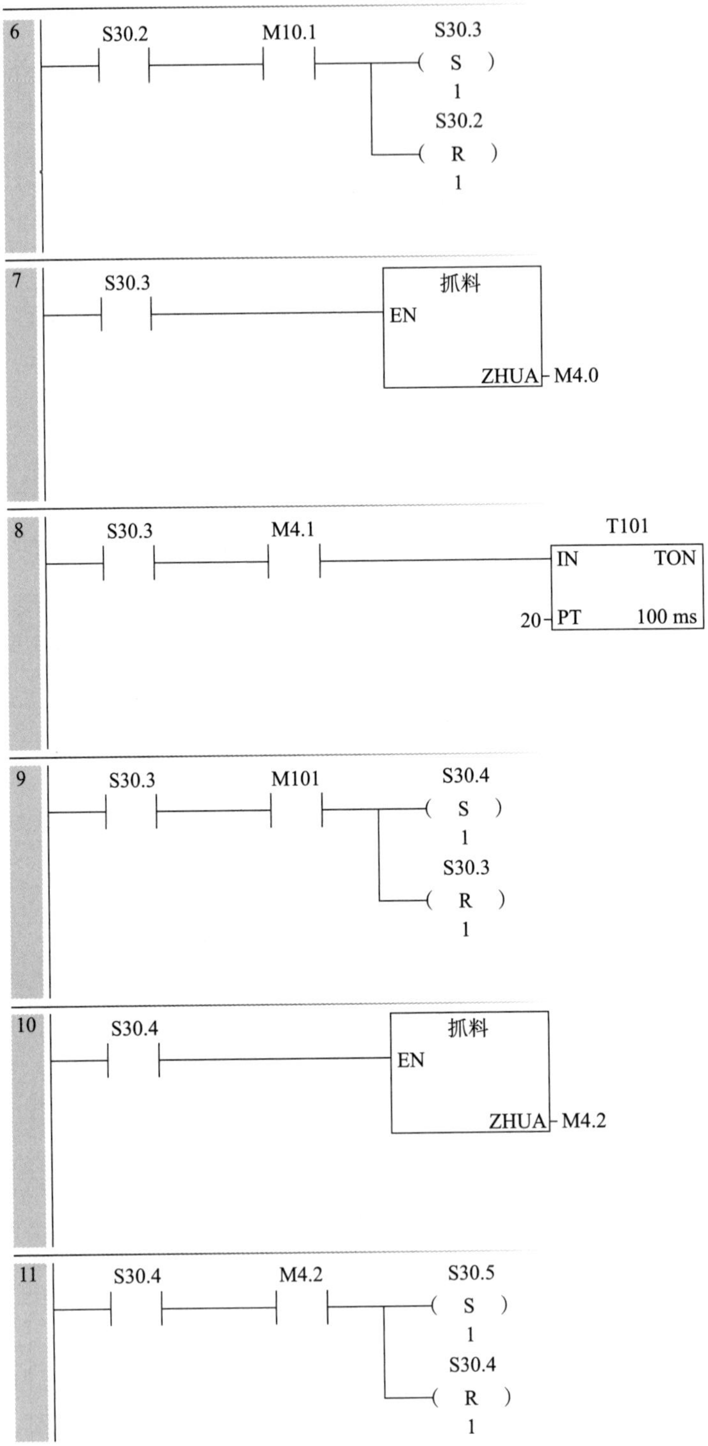

图 6－59　运行控制子程序梯形图（续）

```
12   S30.5                                    ┌─────────────────┐
     ─┤├─                                     │   AXIS0_GOTO     │
                                              │EN               │
     S30.5                                    │                 │
     ─┤├──────────────┤P├──────────────────── │START            │
                                              │                 │
                              −286.0─┤Pos      Done├─M10.1       │
                              100.0─┤Speed    Error├─VB3         │
                                  0─┤Mode     C_Pos├─VD300       │
                        左限位:I0.2─┤Abort  C_Speed├─VD304       │
                                              └─────────────────┘

13   S30.5        M10.2           S30.6
     ─┤├──────────┤├──────────────( S )
                              │     1
                              │   S30.5
                              └───( R )
                                    1

14   S30.6                   ┌─────────────────┐
     ─┤├──────────────────── │      放料        │
                             │EN               │
                             │                 │
                             │  FANFLI─M4.3     │
                             └─────────────────┘

15   S30.6        M4.3                    T102
     ─┤├──────────┤├─────────────────┤IN     TON │
                                     │           │
                               20─┤PT    100 ms │

16   S30.6        T102            S30.7
     ─┤├──────────┤├──────────────( S )
                              │     1
                              │   S30.6
                              └───( R )
                                    1

17   S30.7                   ┌─────────────────┐
     ─┤├──────────────────── │      抓料        │
                             │EN               │
                             │                 │
                             │  ZHUA─M4.4       │
                             └─────────────────┘

18   S30.7        M4.4                       机械手左转:Q0.4
     ─┤├──────────┤├──────────────┤P├────────( S )
                                                1
```

图 6 – 59 运行控制子程序梯形图（续）

```
19    S30.7      手旋转左限位:I0.5   机械手左转:Q0.4
      ──┤├─────────┤├───────────────( R )
                                        1
                                      S31.0
                                    ──( S )
                                        1
                                      S30.7
                                    ──( R )
                                        1

20    S31.0                                    AXIS0_GOTO
      ──┤├──────────────────────────────────┤EN

      S31.0
      ──┤├──────────────┤P├──────────────────┤START

                              -540.0 ─┤Pos      Done├─ M10.3
                              100.0 ─┤Speed    Error├─ VB3
                                  0 ─┤Mode     C_Pos├─ VD300
                         左限位:I0.2 ─┤Abort  C_Speed├─ VD304

21    S31.0         M10.3         S31.1
      ──┤├───────────┤├────────────( S )
                                     1
                                   S31.0
                                 ──( R )
                                     1

22    S31.1                      放料
      ──┤├────────────────────┤EN

                              FANFLI ├─ M4.5

23    S31.1         M4.5          S31.2
      ──┤├───────────┤├────────────( S )
                                     1
                                   S31.1
                                 ──( R )
                                     1

24    S31.2                                    AXIS0_GOTO
      ──┤├──────────────────────────────────┤EN

      S31.2
      ──┤├──────────────┤P├──────────────────┤START

                              -200.0 ─┤Pos      Done├─ M10.4
                              100.0 ─┤Speed    Error├─ VB3
                                  0 ─┤Mode     C_Pos├─ VD300
                         右限位:I0.1 ─┤Abort  C_Speed├─ VD304
```

图 6-59　运行控制子程序梯形图（续）

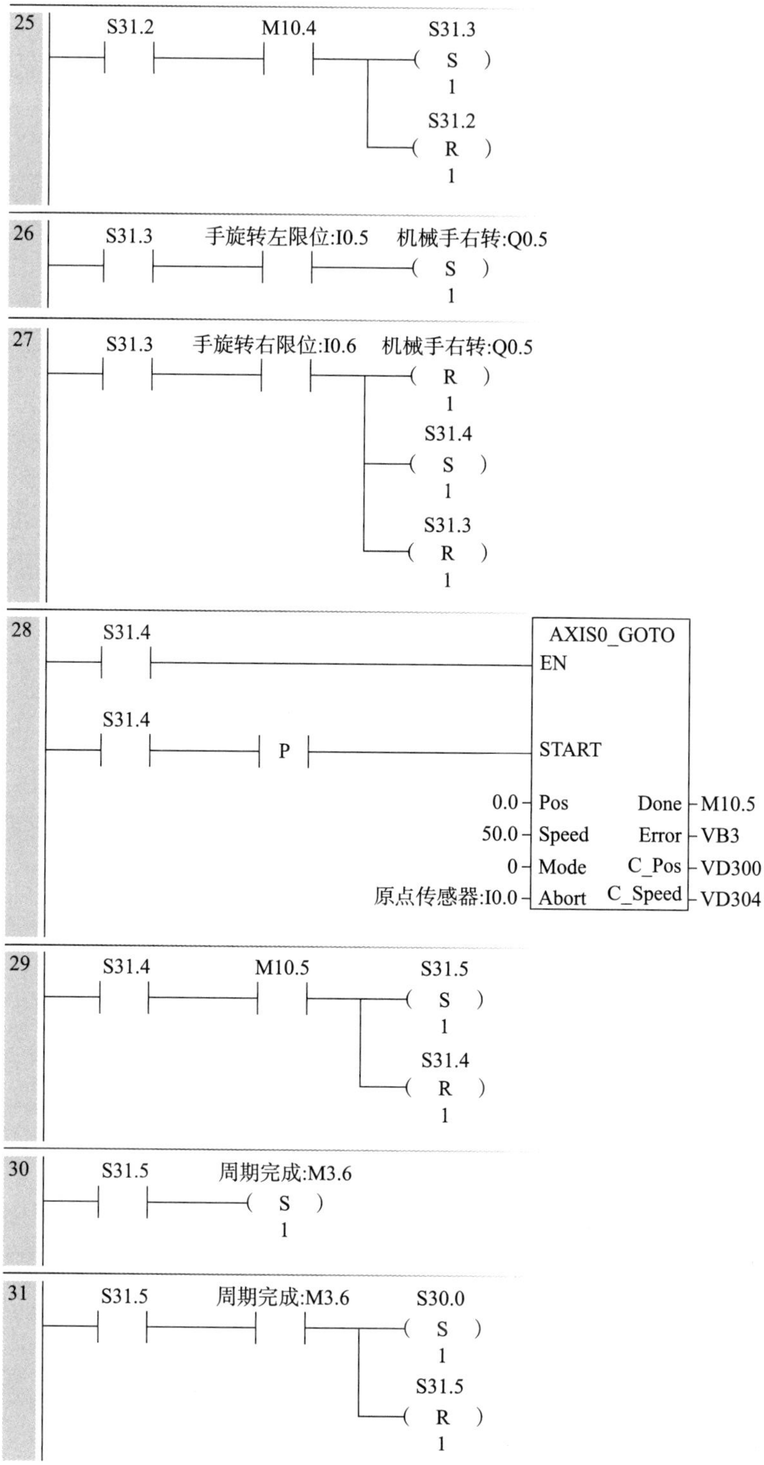

图 6-59　运行控制子程序梯形图（续）

5）抓料子程序（见图6-60）

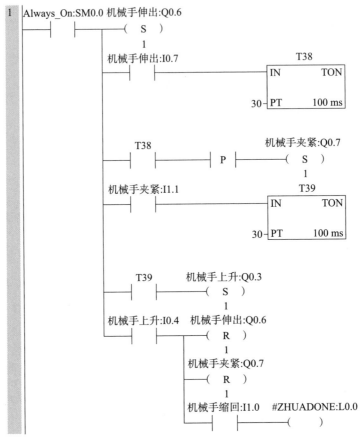

图 6-60 抓料子程序梯形图

6）放料子程序（见图6-61）

3. 输送站的 PLC 程序调试

抓取机械手沿直线导轨运行测试。

1）测试要求及方法。

输送站的机械、电气和气路安装调试完成后，应先测试伺服驱动器和伺服电动机驱动抓取机械手沿直线导轨的运行是否正常，为输送站的整体调试奠定基础。控制要求：具有低速和高速两挡运行速度，有两个运行方向，主令信号的发送、速度切换和方向切换均由输送站按钮/指示灯模块上的按钮/开关来完成。其中，启动按钮控制抓取机械手向右运行（靠近原点开关方向），停止按钮控制抓取机械手向左运行（离开原点开关方向），工作方式开关用于两挡速度的切换。

2）测试程序

根据直线导轨运行的控制要求，编写测试程序。

3）伺服驱动器参数设置

伺服驱动器的参数设置见表6-4。

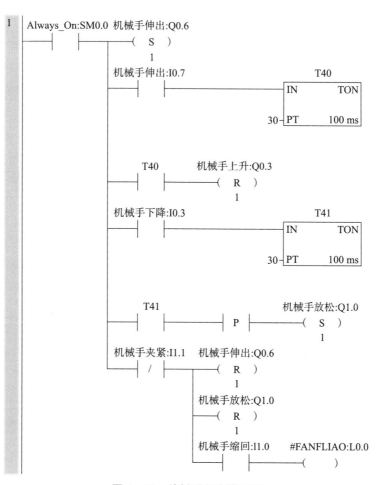

图 6-61　放料子程序梯形图

4）操作运行

第1步：断开输送站 PLC 和伺服驱动器电源，手动将抓取机械手移动到直线导轨的中部区域。

第2步：接通输送站 PLC 和伺服驱动器电源，将工作方式开关切换至断开状态（置于左侧），按下启动按钮，抓取机械手以 100 mm/s 的速度向原点开关方向低速移动，待即将到达原点开关位置时松开启动按钮，抓取机械手停止移动；按下停止按钮，机械手以 100 mm/s 的速度向离开原点开关方向低速移动，待即将到达左限位开关位置时松开停止按钮，抓取机械手停止移动。

第3步：将工作方式开关切换至接通状态（置于右侧），按下启动按钮，抓取机械手以 300 mm/s 的速度向原点开关方向高速移动，待即将到达原点开关位置时松开启动按钮，抓取机械手停止移动；按下停止按钮，机械手以 300 mm/s 的速度向离开原点开关方向快速移动，待即将到达左限位开关位置时松开停止按钮，抓取机械手停止移动。

第4步：将工作方式开关切换至断开状态（置于左侧），按下启动按钮，抓取机械手以 100 mm/s 的速度向原点开关方向低速移动，待即将到达直线导轨中部区域时松开启动按钮，抓取机械手停止移动，完成测试工作。

4. 输送单元的 PLC 程序整体调试

在输送单元的硬件调试完毕、I/O 端口确保正常连接且程序设计完成后，就可以进行软件下载和调试了。调试步骤如下：

（1）用网线将 PLC 与 PC 相连，打开 PLC 编程软件，设置通信端口 IP 地址，建立上位机与 PLC 的通信连接。

（2）PLC 程序编译无误后将其下载至 PLC，并使 PLC 处于 RUN 状态。

（3）将程序调至监视状态，观察 PLC 程序的能流状态，以此来判断程序的正确与否，并有针对性地进行程序修改，直至输送单元能按工艺要求运行。程序每次修改后需对其进行重新编译并将其下载至 PLC。

五、任务检查

为保证任务能顺利、可靠地开展下去，必须对任务的实施过程和结果进行检查。检查内容的设置原则主要包括两点：对影响到任务能否正常实施和完成质量的因素，要设置为检查内容，包括安全、操作、结果（中间结果和最终结果）等；所设置的检查内容应尽可能量化表达，以便于客观评价任务的实施。

本次任务的主要内容是：输送单元的 I/O 分配、安装接线、PLC 编程与调试，根据任务目标的具体内容，设置如表 6-13 所示的检查表，在实施过程和终结时进行必要的检查并填报检查表。

表 6-13　输送单元的 PLC 编程与调试任务检查表

项目	分值	评分要点	检查情况	得分
完成 PLC 的 I/O 分配及接线端子分配	10	I/O 分配及接线端子分配合理		
完成系统的安装接线，并校核接线的正确性	10	端子连接、插针压接牢固；每个接线柱不超过两根导线；端子连接处有线号；电路接线绑扎		
完成 PLC 的程序编制	10	根据工艺要求编写程序		
完成系统的调试与运行	40	根据工艺要求调试程序，运行正确		
职业素养	30	分工合理，制订计划能力强，严谨认真，爱岗敬业，安全意识，责任意识，服从意识；团队合作，交流沟通，互相协作，分享能力；主动性强，保质保量完成工作页相关任务；能采取多样化手段收集信息、解决问题		
合计	100			

六、任务评价

严格按照任务检查表来完成本任务的实训内容，教师对学生实训内容的完成情况进行客观评价，评价表如表 6 – 13。

表 6 – 13 输送单元的 PLC 编程与调试任务评价表

评价项目	评价内容	分值	教师评价
职业素养 30 分	分工合理，制订计划能力强，严谨认真	5	
	爱岗敬业，安全意识，责任意识，服从意识	5	
	团队合作，交流沟通，互相协作，分享能力	5	
	遵守行业规范，现场 6S 标准	5	
	主动性强，保质保量完成工作页相关任务	5	
	能采取多样化手段收集信息、解决问题	5	
专业能力 60 分	PLC 的 I/O 分配及接线端子分配	15	
	系统安装接线，并校核接线的正确性	15	
	PLC 程序编制	15	
	系统调试与运行	15	
创新意识 10 分	创新性思维和行动	10	
合计		100	

扩展提升

在本项目完成的基础上，尝试完成以下工作任务：输送单元抓取机械手装置在运动过程中不允许发生越程故障，否则可能损坏设备。但设备运行中可能出现极限开关误动作的情况。请设计一个编程方案，当极限开关误动作时，程序能自动判断越程故障的真伪，若为误动作越程，程序能在伺服系统重新上电后恢复正常运行。

项目7 自动化生产线的总体安装与调试

项目目标

（1）了解自动化生产线的工艺控制过程，掌握以太网通信技术、人机界面技术、传感器技术、气动技术和伺服驱动技术的工作原理及其在自动化生产线中的应用，掌握自动化生产线 PLC 联机程序的设计。

（2）能够熟练安装与调试供料、加工、装配、分拣和输送单元的机械、气路和电路，保证硬件部分正常工作。

（3）能够根据自动化生产线的工艺要求组建以太网网络和组态人机界面，并编写与调试 PLC 联机程序。

（4）培养社会主义道路自信和制度自信，找差距，见贤思齐，即在学习和工作中对标先进典型、身边榜样，以更高的标准来严格要求自己。

项目描述

YL－335B 自动化生产线由供料、加工、装配、分拣和输送 5 个工作单元组成，各工作单元均由一台 PLC 控制，各 PLC 之间通过以太网通信网络构成一个分布式控制系统。自动化生产线的工作目标是：在人机界面发出系统启动指令后，将供料单元料仓内的工件送往加工单元的加工台进行加工，加工完成后，把加工好的工件送往装配单元的装配台进行装配，然后把装配单元料仓内的金属零件及白色和黑色两种不同颜色的小圆柱形零件嵌入到装配台上的工件中，完成装配后的成品被送往分拣单元进行分拣后输出，从而完成一个周期的工作。此时，若系统要求继续工作，则会自动进入下一个周期的操作，直到系统发出相应的停止指令。

本项目设置了两个工作任务：

（1）YL－335B 自动化生产线的硬件安装与调试；

（2）系统联机运行的人机界面组态和 PLC 编程。

知识储备

系统的工作模式分为独立单元工作模式和全线运行模式。

从独立单元工作模式切换到全线运行模式的条件是：各工作单元均处于停止状态，各工作单元的按钮/指示灯模块上的工作方式选择开关被置于全线位置，此时若人机界面的选择开关被切换到全线运行模式，则系统进入全线运行状态。要从全线运行方式切换到独立单元工作模式，仅限当前工作周期完成后，将人机界面的选择开关切换到独立单元运行模式时才有效。在全线运行方式下，各工作单元仅通过网络接收来自人机界面的主令信号，除主单元急停按钮外，本单元的所有主令信号均无效。

（一）独立单元运行模式测试

独立单元运行模式下，各工作单元的主令信号和工作状态显示信号来自其 PLC 旁边的按钮/指示灯模块，并且按钮/指示灯模块上的工作方式选择开关 SA 应被置于独立单元方式位置。各工作单元的具体控制要求如下。

1. 供料单元运行的工作要求

（1）设备通电和气源接通后，若工作单元的两个气缸满足初始位置要求，且料仓内有足够的待加工工件，则"正常工作"指示灯 HL1 常亮，表示设备准备好，否则该指示灯以 1 Hz 的频率闪烁。

（2）若设备准备好，则按下启动按钮，工作单元启动，"设备运行"指示灯 HL2 常亮。启动后，若出料台上没有工件，则应把工件推到出料台上。出料台上的工件被人工取出后，若没有停止信号，则进行下一次推出工件操作。

（3）若在运行中按下停止按钮，则在完成本工作周期任务后，工作单元停止工作，指示灯 HL2 熄灭。

（4）若在运行中料仓内工件不足，则工作单元继续工作，但"正常工作"指示灯 HL1 以 1 Hz 的频率闪烁，"设备运行"指示灯 HL2 保持常亮。若料仓内没有工件，则指示灯 HL1 和指示灯 HL2 均以 2 Hz 的频率闪烁。工作单元在完成本周期任务后停止，除非向料仓补充足够的工件，否则工作单元不能再次启动。

2. 加工单元独立单元运行的工作要求

（1）设备通电和气源接通后，若各气缸满足初始位置要求，则"正常工作"指示灯 HL1 常亮，表示设备准备好；否则该指示灯以 1 Hz 的频率闪烁。

（2）设备准备好后，按下启动按钮，设备启动，"设备运行"指示灯 HL2 常亮。当待加工工件被送到加工台上并被检出后，执行将工件夹紧并送往加工区域进行冲压的操作，完成冲压动作后返回待加工位置。如果没有停止信号输入，则当再有待加工工件被送到加工台上时，加工单元又开始下一个周期的工作。

（3）在工作过程中，若按下停止按钮，则加工单元在完成本周期的动作后停止工作，指示灯 HL2 熄灭。

（4）当待加工工件被检出而加工过程已经开始后，如果按下急停按钮，则本工作单元所有机构应立即停止运行，指示灯 HL2 以 1 Hz 的频率闪烁。将急停按钮复位后，设备从急停前的断点处开始继续运行。

3. 装配单元独立单元运行的工作要求

（1）设备通电和气源接通后，若各气缸满足初始位置要求，料仓内已经有足够的小圆柱形零件，工件装配台上没有待装配工件，则"正常工作"指示灯 HL1 常亮，表示设备准备好；否则该指示灯以 1 Hz 的频率闪烁。

（2）设备准备好后，按下启动按钮，装配单元启动，"设备运行"指示灯 HL2 常亮。如果回转台上的左料盘内没有小圆柱形零件，则执行下料操作；如果左料盘内有小圆柱形零件而右料盘内没有小圆柱形零件，则执行回转台回转操作。

（3）如果回转台上的右料盘内有小圆柱形零件且装配台上有待装配工件，则执行装配机械手装置抓取小圆柱形零件并放入待装配工件中的操作。

（4）完成装配任务后，装配机械手装置应返回初始位置，等待下一次装配。

（5）若在运行过程中按下停止按钮，则供料机构应立即停止供料，在装配条件满足的情况下，装配单元在完成本次装配后停止工作。

（6）在运行中发生"料不足"报警时，指示灯 HL3 以 1 Hz 的频率闪烁，指示灯 HL1 和 HL2 常亮；在运行中发生"缺料"报警时，指示灯 HL3 以亮 1 s、灭 0.5 s 的方式闪烁，指示灯 HL2 熄灭，指示灯 HL1 常亮。

4. 分拣单元独立单元运行的工作要求

（1）设备通电和气源接通后，若工作单元的 3 个气缸满足初始位置要求，则"正常工作"指示灯 HL1 常亮，表示设备准备好；否则该指示灯以 1 Hz 的频率闪烁。

（2）设备准备好后，按下启动按钮，系统启动，"设备运行"指示灯 HL2 常亮。在分拣单元入料口人工放入已装配的工件时，变频器立即启动，驱动传送电动机以 30 Hz 频率的速度把工件带入分拣区。

（3）如果工件为金属工件，则该工件到达 1 号滑槽中间时传送带停止，工件被推到 1 号槽中；如果工件为白色工件，则该工件到达 2 号滑槽中间时传送带停止，工件被推到 2 号槽中；如果工件为黑色工件，则该工件到达 3 号滑槽中间时传送带停止，工件被推到 3 号槽中。工件被推出滑槽后，该工作单元的一个工作周期结束。仅当工件被推出滑槽后，才能再次向传送带下料。如果在运行期间按下停止按钮，则该工作单元在本工作周期结束后停止运行。

5. 输送单元独立单元运行的工作要求

独立单元运行的目标是测试设备传送工件的功能，要求其他各工作单元已经就位，并且在供料单元的出料台上放置了工件。测试过程中的具体要求如下。

（1）输送单元在通电后，按下复位按钮 SB1，执行复位操作，使抓取机械手装置回到原点位置。在复位过程中"正常工作"指示灯 HL1 以 1 Hz 的频率闪烁。

当抓取机械手装置回到原点位置，且输送单元各个气缸满足初始位置的要求时，复位完成，"正常工作"指示灯 HL1 常亮。按下启动按钮 SB2，设备启动，"设备运行"指示灯 HL2 也常亮，开始功能测试过程。

（2）抓取机械手装置从供料单元出料台抓取工件。抓取的顺序是：手臂伸出→手爪夹紧并抓取工件→提升台上升→手臂缩回。

（3）抓取动作完成后，伺服电动机驱动机械手装置向加工单元移动，移动速度不小于 300 mm/s。

（4）抓取机械手装置移动到加工单元加工台的正前方后，即把工件放到加工单元物料台上。抓取机械手装置在加工单元放下工件的顺序是：手臂伸出→提升台下降→手爪松开并放下工件→手臂缩回。

（5）放下工件动作完成 2 s 后，抓取机械手装置执行抓取加工单元工件的操作。抓取的顺序与供料单元抓取工件的顺序相同。

学习笔记

（6）抓取动作完成后，伺服电动机驱动抓取机械手装置，使其移动到装配单元物料台的正前方，然后把工件放到装配单元物料台上。其动作顺序与加工单元放下工件的顺序相同。

（7）放下工件动作完成2 s后，抓取机械手装置执行抓取装配单元工件的操作。抓取的顺序与供料单元抓取工件的顺序相同。

（8）机械手手臂缩回后，摆台逆时针旋转90°，伺服电动机驱动抓取机械手装置，使其从装配单元向分拣单元运送工件，到达分拣单元传送带上方入料口后把工件放下。其动作顺序与加工单元放下工件的顺序相同。

（9）放下工件动作完成后，机械手手臂缩回，然后执行返回原点的操作。伺服电动机驱动抓取机械手装置以400 mm/s的速度返回，返回200 mm后，摆台顺时针旋转90°，然后以100 mm/s的速度低速返回原点停止。当抓取机械手装置返回原点后，一个测试周期结束。当供料单元的出料台上放置了工件时，再按一次启动按钮SB2，开始新一轮的测试。

（二）系统正常的全线运行模式测试

全线运行模式下各工作单元部件的工作顺序以及对输送单元抓取机械手装置运行速度的要求，与独立单元运行模式一致。

1. 初始状态

系统通电，以太网正常后开始工作。按人机界面上的复位按钮，执行复位操作，在复位过程中绿色警示灯以2 Hz的频率闪烁，红色和黄色警示灯均熄灭。复位过程包括：使输送单元抓取机械手装置回到原点位置和检查各工作单元是否处于初始状态。

各工作单元初始状态是指：

（1）各工作单元气动执行元件均处于初始位置；

（2）供料单元料仓内有足够的待加工工件；

（3）装配单元料仓内有足够的小圆柱形零件；

（4）输送单元的紧急停止按钮未被按下。

当输送单元抓取机械手装置回到原点位置，且各工作单元均处于初始状态时，复位完成，绿色警示灯常亮，表示允许启动系统。此时若按人机界面上的启动按钮，系统启动，绿色和黄色警示灯均常亮。

2. 供料单元的运行

系统启动后，若供料单元的出料台上没有工件，则应把工件推到出料台上，并向系统发出出料台上有工件的信号。若供料单元的料仓内没有工件或工件不足，则向系统发出报警或预警信号。出料台上的工件被输送单元抓取机械手取出后，若系统仍然需要推出工件进行加工，则进行下一次推出工件操作。

3. 输送单元运行1

当工件被推到供料单元出料台后，输送单元抓取机械手装置应执行抓取供料单元工件的操作，动作完成后，伺服电动机驱动抓取机械手装置，使其移动到加工单元加工台的正前方，把工件放在加工单元的加工台上。

4. 加工单元运行

加工单元加工台的工件被检出后，执行加工操作。当加工好的工件被重新送回待料位置时，向系统发出冲压加工完成信号。

5. 输送单元运行 2

系统接收到加工完成信号后，输送单元抓取机械手应执行抓取已加工工件的操作。抓取动作完成后，伺服电动机驱动抓取机械手装置，使其移动到装配单元装配台的正前方，然后把工件放到装配单元装配台上。

6. 装配单元运行

装配单元装配台的传感器检测到工件到来后，开始执行装配操作，装配动作完成后向系统发出装配完成信号。如果装配单元的料仓内没有小圆柱形工件或工件不足，则应向系统发出报警或预警信号。

7. 输送单元运行 3

系统接收到装配完成信号后，输送单元抓取机械手应抓取已装配的工件，然后从装配单元向分拣单元运送工件，到达分拣单元传送带上方入料口后把工件放下，然后执行返回原点的操作。

8. 分拣单元运行

输送单元抓取机械手装置放下工件、缩回到位后，分拣单元的变频器随即启动，驱动传送电动机以最高运行频率 80%（由人机界面指定）的速度把工件带入分拣区进行分拣，工件分拣原则与独立单元运行相同。当分拣气缸活塞杆推出工件并复位后，则应向系统发出分拣完成信号。

9. 一个工作周期结束

仅当分拣单元分拣工作完成，并且输送单元抓取机械手装置回到原点后，系统的一个工作周期才结束。如果在工作周期内没有按过停止按钮，则系统在延时 1 s 后开始下一个周期的工作；如果在工作周期内曾经按过停止按钮，则系统在完成一个周期后工作结束，黄色灯熄灭，绿色灯仍保持常亮。系统工作结束后，若再按下启动按钮，则系统又重新开始下一个周期的工作。

（三）全线运行状态下的异常工作测试

1. 工件供给状态的信号警示

如果发生来自供料单元或装配单元"料不足"的预报警信号或"缺料"的报警信号，则系统动作如下：

（1）如果发生"料不足"的预报警信号，警示灯中红色灯以 1 Hz 的频率闪烁，绿色和黄色灯保持常亮，系统继续工作。

（2）如果发生"缺料"的报警信号，则警示灯中红色灯以亮 1 s、灭 0.5 s 的方式闪烁，黄色灯熄灭，绿色灯保持常亮。

（3）若"缺料"的报警信号来自供料站，且供料站物料台上已推出工件，则系统继续运行，直至完成该工作周期尚未完成的工作。当该工作周期结束后系统将停止工作，除非"缺料"的报警信号消失，否则系统不能再启动。

（4）若"缺料"的报警信号来自装配站，且装配站回转台上已落下小圆柱形零件，则系统继续运行，直至完成该工作周期尚未完成的工作。当该工作周期结束后系统将停止工作时，除非"缺料"的报警信号消失，否则系统不能再启动。

2. 急停与复位

在系统工作过程中按下输送站的急停按钮，则输送站立即停车。在急停复位后应从急停前的断点开始继续运行。

（四）S7 – 200 SMART 系列 PLC 的以太网通信方式

1. S7 – 200 SMART 系列 PLC 的以太网通信特性

S7 – 200 SMART CPU 的以太网接口是标准的 RJ45 口，可以自动检测全双工或半双工通信，具有 10 Mbit/s 和 100 Mbit/s 的通信速率。通过基于 TCP/IP 的 S7 协议可以实现 S7 – 200 SMART CPU 与编程设备、人机界面（HMI）、上位机以及 S7 – 200 SMART CPU 之间的以太网通信。S7 – 200 SMART CPU 可同时支持的最大通信连接资源数如下。

（1）1 个编程连接：用于与 STEP7 – Micro/WIN SMART 软件的通信。

（2）最多 8 个 HM 连接：用于与 HMI 之间的通信。

（3）最多 8 个 GET/PUT 主动连接：用于与其他 S7 – 200 SMART CPU 之间的 GET/PUT 主动连接。

（4）最多 8 个 GET/PUT 被动连接：用于与其他 S7 – 200 SMART CPU 之间的 GET/PUT 被动连接。

2. 以太网网络组态示例

两台 S7 – 200 SMART CPU、1 台工业交换机、1 台人机界面，要求进行以太网组网，完成如下功能：将 1 号站（主站）I2.5 的状态映射到 2 号站的 Q0.7；将 2 号站（从站）I1.3 的状态映射到 1 号站的 Q1.5；将 HMI（连接在主站）上按钮的状态映射到 2 号站的 Q1.0。

1）硬件系统的构成

1 号站 CPU1 选择 ST40 DC/DC/DC，2 号站 CPU2 选择 SR30 AC/DC/RLY，以太网交换机选择 ZRS108 – D，人机界面选择 TPC7062Ti，通过网线组建以太网系统，系统结构如图 7 – 1 所示。此处，个人计算机仅用于创建及下载 PLC 程序与 MCGS 组态工程。CPU1 与 CPU2 的 I/O 接线从略。

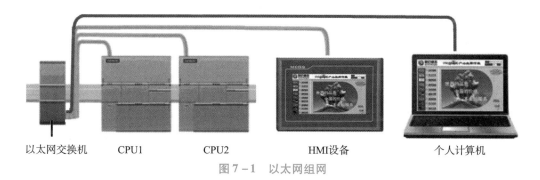

以太网交换机　　CPU1　　　　CPU2　　　　　HMI设备　　　个人计算机

图 7 – 1　以太网组网

2）分配 Internet 协议（IP）地址

CPU 中可以有静态或动态 IP 信息。静态 IP 信息：在"系统块"（System Block）对话框中组态 IP 信息。动态 IP 信息：在"通信"（Communications）对话框中组态 IP 信息，或在用户程序中组态 IP 信息。如果组态的是静态 IP 信息，必须将静态 IP 信息下载至 CPU，然后才能在 CPU 中激活。如果想更改 IP，则只能在"系统块"对话框中更改，并将其再次下载至 CPU。无论是静态还是动态 IP，其信息均存储在永久性存储器中。

本示例选择静态 IP 组态，具体操作如下：

（1）为编程设备分配 IP 地址。打开计算机"Internet 协议版本 4（TCP/IPv4）属性"对话框，为计算机分配 IP 地址：192.168.0.9，并输入子网掩码：255.255.255.0，如图 7-2 所示，单击"确定"按钮返回。

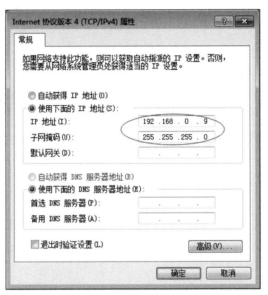

图 7-2　计算机以太网 IP 设置

（2）为 PLC 分配 IP 地址。在 STEP7-Micro WIN SMART 界面的项目树上双击"系统块"，设置 IP 地址。图 7-3 所示为 CPU1 的以太网端口设置，IP 地址为 192.168.0.1，子网掩码为 255.255.255.0，默认网关为 0.0.0.0，设置好后单击"确定"按钮返回。用同样的方法设置 CPU2 的 IP 地址为 192.168.0.5，子网掩码为 255.255.255.0，默认网关为 0.0.0.0。

3）"GET/PUT 向导"组态

CET 和 PUT 指令适用于通过以太网进行的 S7-200 SMART CPU 之间的通信，利用 GET/PUT 向导组态，主站 CPU1 可以快速、简单地配置复杂的网络读写指令操作，引导完成以下任务：指定所需要的网络操作数目、指定网络操作、分配 V 存储器、生成代码块。

（1）指定所需要的网络换作数目。在项目树中打开"向导"文件夹，然后双击"GET/PUT"，打开"Get/Put 向导"界面，单击右侧的"添加"按钮，添加操作如图 7-4 所示。

（2）指定网络操作。如图 7-5 所示，选中"Operation"，"类型"选择"Put"（写操作），传送 1 B，远程 CPU 的 IP 为 192.168.0.5，本地地址为 VB1000，远程地址为 VB1000。

如图 7-6 所示，选中"Operation02"，"类型"选择"Get"（读操作），传送 1 B，远程 CPU 的 IP 为 192.168.0.5，本地地址为 VB1050，远程地址为 VB1050。

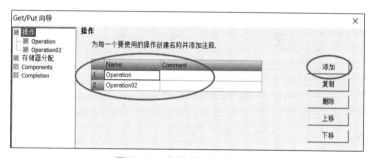

图 7 - 3　CPU1 的以太网端口设置

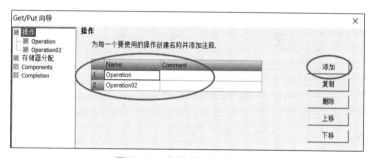

图 7 - 4　向导界面添加操作

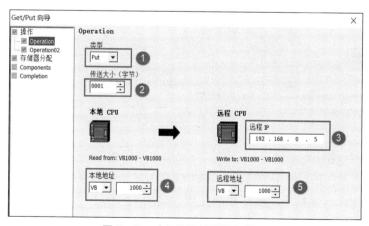

图 7 - 5　对 2 号站的网络写操作

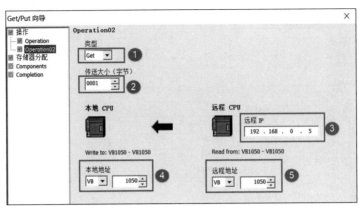

图 7-6　对 2 号站的网络读操作

（3）分配 V 存储器。用户配置的每项网络操作都需要 16 B 的 V 存储区，在"Get/Put 向导"菜单中单击"存储器分配"，向导会自动建议一个起始地址，可以编辑该地址，但一般选择"建议"就好，如图 7-7 所示。

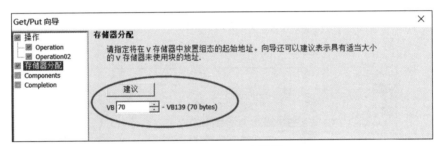

图 7-7　分配 V 存储器

（4）生成代码块。在"Get/Put 向导"菜单中单击"Components"（组件），根据向导生成子程序代码，如图 7-8 所示。单击"下一个"按钮，并单击"生成"即完成向导组态。

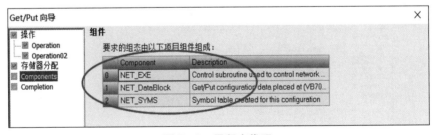

图 7-8　子程序代码

4）组网程序的编写与下载

利用编程软件 STEP 7 Micro/WIN SMART 编写 1 号主站程序，如图 7-9 所示，2 号从站程序如图 7-10 所示。主站中主程序块须使用 SM0.0 对子程序 NET_EXE 进行调用。子程序 NET_EXE 各参数的含义如下：

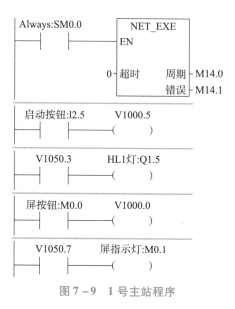

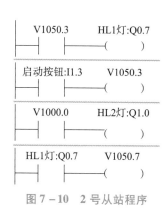

图7-9　1号主站程序

图7-10　2号从站程序

（1）超时：设定通信的超时时限应为 1 ~ 32 767 s，若为 0，则不计时。

（2）周期：输出开关量，所有网络读写操作每完成一次，切换状态。

（3）错误：发生错误时报警输出。

在项目树中双击"通信"节点，打开"通信"对话框，选择网络接口卡后，单击下方"查找 CPU"按钮，找到的两台 CPU 的 I/P 地址如图 7 - 11 所示。选择其中一个 IP 地址，单击右侧"闪烁指示灯"按钮，观察各 CPU 状态指示灯，正在闪烁的即为当前选中的 IP 地址所对应的 CPU。

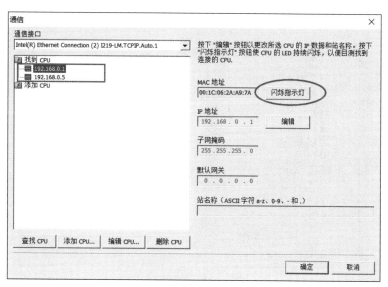

图7-11　查找 CPU

选择主站编程界面，采用上述方法选中主站 CPU，单击"下载"按钮进行下载，如

图 7-12 所示，下载时勾选"程序块""数据块""系统块"，然后单击"下载"按钮。从站同样如此处理。

5）人机界面组态

打开 MCGS 嵌入版组态软件，创建组态工程画面（见图 7-13），定义好变量，并将画面构件连接好所定义的变量。

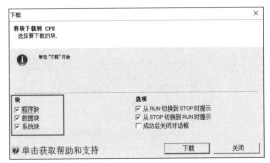

图 7-12 查找 CPU

图 7-13 组态工程画面

选择工作台窗口中的"设备窗口"标签，单击右侧的"设备组态"按钮，在弹出的"设备组态：设备窗口"中打开"设备工具箱"，如图 7-14 所示

单击"设备管理"按钮，在弹出的"设备管理"窗口中选择"PLC→西门子→Smart200→西门子_Smart200"，单击"增加"按钮，增加到如图 7-15 所示窗口右侧，单击"确认"按钮返回。

图 7-14 设备组态：设备窗口

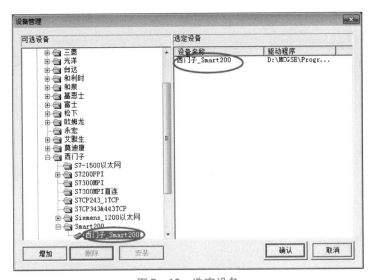

图 7-15 选定设备

在"设备工具箱"的"设备管理"窗口中双击"西门子_Smart200"，将其添加至组态画面右上角，如图 7-16 所示。

图 7 - 16　添加设备

双击"设备0—[西门子_Smart200]"，弹出"设备编辑窗口"，删除原有默认的设置，如图 7 - 17 所示，然后新增通道并连接变量，完成后再设置"本地 IP 地址"和"远端 IP 地址"。

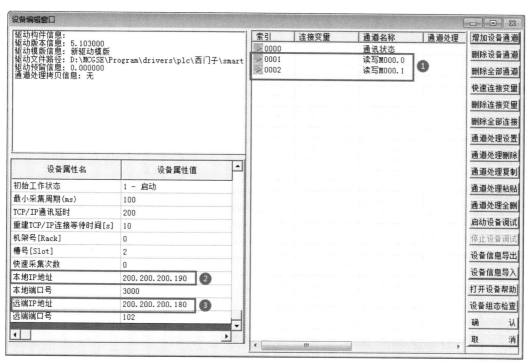

图 7 - 17　设备编辑窗口

最后进行工程下载，如图 7 - 18 所示。注意："目标机名"须与图 7 - 17 所设置的"本地 IP 地址"一致，所以触摸屏开机时须修改 IP 地址。

6）联网调试

将组态好的工程项目下载至 HMI，梯形图程序下载至 PLC，并置 PLC 于运行状态。此时可通过交换机对主站 PLC 与 HMI、主站 PLC 与从站 PLC 之间互相交换信息。

调试过程：按下 CPU1 侧 I2.5 按钮，CPU2 侧的 Q0.7 指示灯点亮，松开即熄灭；按下 CPU2 侧的 I1.3 按钮，CPU1 侧的 Q1.5 指示灯点亮，松开即熄灭；按下如图 7 - 13 所示的 HMI 界面上的"按钮"，CPU2 侧的 Q1.0 点亮，松开即熄灭。HMI 指示灯跟随 CPU2 侧的 Q1.0 状态。

图 7 - 18　工程下载

（五）相关专业术语

（1）industrial ethernet：工业以太网；

（2）IP address：IP 地址；

（3）main station：主站；

（4）slave station：从站；

（5）ethernet switch：以太网交换机；

（6）three - phase asynchronous motor：三相异步电动机；

（7）network cable：网线；

（8）MCGS configuration project：MCGS 组态工程（项目）。

任务1　YL-335B 自动化生产线的硬件安装与调试

一、任务描述

将供料、加工、装配、分拣和输送单元的机械部分拆开成组件和零件的形式，然后再组装成原样。

根据项目的任务描述，本任务需要完成的工作如下：

（1）供料、加工、装配、分拣和输送单元的机械安装与调试；

（2）供料、加工、装配、分拣和输送单元的气路连接与调试；

（3）培养社会主义道路自信和制度自信。

二、任务计划

根据任务需求，完成各单元的硬件安装与调试，撰写实训报告，并制订表 7 - 1 所示的任务工作计划。

表 7 - 1　各单元的硬件安装与调试任务的工作计划

序号	项目	内容	时间/min	人员
1	供料、加工、装配、分拣和输送单元的硬件安装与调试	各单元的机械安装与调试	30	全体人员
		各单元的气路连接与调试	30	全体人员
		各单元的传感器安装与调试	30	全体人员
		输送单元的伺服安装与调试	30	全体人员
2	撰写实训报告	简述各单元的机械安装过程	8	全体人员
		简述各单元的气路连接过程	8	全体人员
		简述各单元的硬件调试过程	8	全体人员
		简述各单元的传感器安装过程	8	全体人员
		简述输送单元的伺服安装过程	8	全体人员

三、任务决策

按照工作计划表，按小组实施各单元的硬件安装与调试，完成任务并提交实训报告。

四、任务实施

任务实施前指导教师必须强调做好安装前的准备工作，使学生养成良好的工作习惯，并进行规范的操作，这是培养学生良好工作素养的重要步骤。

（1）安装前应对设备的零部件做初步检查以及必要的调整。

（2）工具和零部件应合理摆放，操作时将每次使用完的工具放回原处。

（一）机械的安装和调试

1. 各工作单元机械的安装和调试

5 个工作站硬件独立安装和调试完毕后，应将它们按规定的尺寸固定在铝合金工作台面上，如图 7 - 19 所示。

2. 注意事项

（1）安装工作完成后，必须进行必要的检查、局部试验等工作，在投入运行前应清理工作台上残留的线头、管线、工具等，养成良好的职业素养。

（2）各站的工作单元在工作台上定位以后，紧定螺栓暂时不要完全紧固，调试检查各工作单元的定位是否满足任务书的要求，并进行适当的微调，最后才将紧定螺栓完全紧固。

五、任务检查

为保证任务能顺利、可靠地开展下去，必须对任务的实施过程和结果进行检查。检查内容的设置原则主要包括两点：对影响到任务能否正常实施和完成质量的因素，要设置为检查内容，包括安全、操作、结果（中间结果和最终结果）等；所设置的检查内容应尽可能量化表达，以便于客观评价任务的实施。

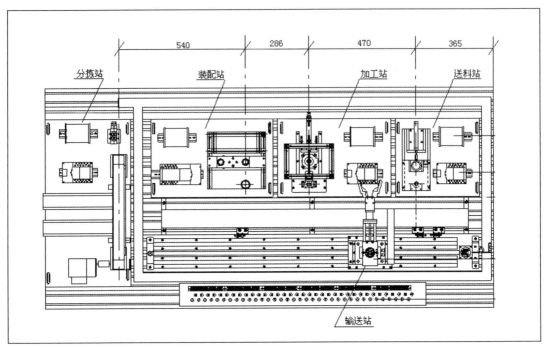

图 7-19 自动化生产线平面安装示意图

本次任务的主要内容是：各单元的机械、气路安装、调试，根据任务目标的具体内容，设置表 7-2 所示的检查表，在实施过程和终结时进行必要的检查并填报检查表。

表 7-2 各单元的硬件安装与调试任务检查表

项目	分值	评分要点	检查情况	得分
各单元的机械安装与调试	30	安装正确，动作顺畅，紧固件无松动		
各单元的气路连接与调试	20	气路连接正确、美观，无漏气现象，运行平稳		
各单元的电路安装与调试	20	设计合理，接线正确，布线整齐		
职业素养	30	分工合理，制订计划能力强，严谨认真；爱岗敬业，安全意识，责任意识，服从意识；团队合作，交流沟通，互相协作，分享能力；主动性强，保质保量完成工作页相关任务；能采取多样化手段收集信息、解决问题		
合计	100			

六、任务评价

严格按照任务检查表来完成本任务的实训内容，教师对学生实训内容的完成情况进行客观评价，评价表见表 7-3。

表 7 - 3　各单元的硬件安装与调试任务评价表

评价项目	评价内容	分值	教师评价
职业素养 30 分	分工合理，制订计划能力强，严谨认真	5	
	爱岗敬业，安全意识，责任意识，服从意识	5	
	团队合作，交流沟通，互相协作，分享能力	5	
	遵守行业规范，现场 6S 标准	5	
	主动性强，保质保量完成工作页相关任务	5	
	能采取多样化手段收集信息、解决问题	5	
专业能力 60 分	各单元的机械安装与调试	20	
	各单元的气路连接与调试	20	
	各单元的传感器安装与调试	20	
创新意识 10 分	创新性思维和行动	10	
合计		100	

扩展提升

总结各单元机械安装、电气安装、气路安装及其调试的过程和经验。

任务 2　系统联机运行的人机界面组态和 PLC 编程

一、任务目标

（1）构建 5 个工作单元的以太网系统。

（2）设计 5 个工作单元的 PLC 程序。

（3）设计人机界面组态。

（4）联机调试及运行 5 个工作单元。

（5）找差距，见贤思齐，即在学习工作中对标先进典型、身边榜样，以更高的标准来严格要求自己。

二、任务要求

根据项目的任务目标，本任务需要完成的工作如下：

在现代工业自动化生产体系中，以太网正以其高效的优势逐步进入工业控制领域，形成新型的以太网控制自动化系统。本任务主要考虑：将触摸屏、计算机、各工作站 PLC 通过网线连接至交换机。YL - 335B 型自动化生产线各工作单元在联机运行时通过网络互连构成一个分布式的控制系统。对于采用 SMART 系列 PLC 的 YL - 335B 型自动化生产线，其标准配置采用了工业以太网，如图 7 - 20 所示。

三、任务计划

根据任务需求，完成系统联机运行的人机界面组态和 PLC 编程，撰写实训报告，并制

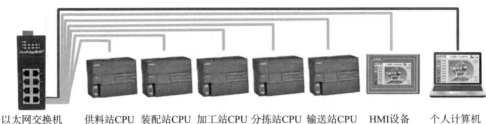

以太网交换机　　供料站CPU　装配站CPU　加工站CPU　分拣站CPU　输送站CPU　　HMI设备　　个人计算机

图7-20　YL-335B设备的以太网网络结构

订表7-4所示的任务工作计划。

表7-4　系统联机运行的人机界面组态和PLC编程任务的工作计划

序号	项目	内容	时间/min	人员
1	系统联机运行的人机界面组态和PLC编程	构建5个工作单元的以太网系统	30	全体人员
		设计5个工作单元的PLC程序	30	全体人员
		设计人机界面组态	30	全体人员
		联机调试及运行5个工作单元	30	全体人员
2	撰写实训报告	描述以太网系统的构建	10	全体人员
		描述人机界面组态设计过程	10	全体人员
		编写PLC梯形图程序	10	全体人员
		描述系统调试过程	10	全体人员

四、任务决策

按照工作计划表，按小组实施系统联机运行的人机界面组态和PLC编程，完成任务并提交实训报告。

五、任务实施

（一）以太网系统构建

1. 系统IP地址分配

修改个人计算机IP地址为192.168.0.10，然后设置各工作单元CPU的IP地址。输送单元（主站）IP地址设置为192.168.0.1，供料单元IP地址设置为192.168.0.2，加工单元IP地址设置为192.168.0.3，装配单元IP地址设置为192.168.0.4，分拣单元IP地址设置为192.168.0.5，触摸屏IP地址设置为192.168.0.6。子网掩码均为255.255.255.0，默认网关均为0.0.0.0。

注意：个人计算机、各工作站以及HMI的IP应设置在同一网段。

2. 网络读写数据规划

根据系统工作要求、信息交换量等预先规划好主站发送和接收数据的有关信息：

（1）主站向各从站发送数据的长度（字节数）；

（2）发送的数据位于主站何处；

（3）数据发送到从站的何处；

（4）主站读取各从站数据的长度（字节数）；

（5）主站从从站的何处读取数据；

（6）主站读取的数据存放在主站何处。

对以上信息应根据系统工作要求和信息交换量的大小等进行统一规划。考虑 YL－335B 自动化生产线中各工作站 PLC 所需交换的信息量不大，主站向各从站发送的数据只是主令信号，例如启动、停止、急停、允许供料、允许加工、允许装配和允许分拣等信号；从从站读取的也只是各从站的状态信息，例如供料完成、加工完成、装配完成、分拣完成、供料不足和缺料等信息。发送和接收的数据长度一般为 1 个字节（2 B）。当然，如果要处理的数据量较大或给系统预留一定的数据裕量，则数据长度可以设置为 2 个字、4 个字，甚至 8 个字。网络读写数据规划实例见表 7－5。

表 7－5　网络读写数据规划实例

| 项目 | 输送单元 | 供料单元 | 加工单元 | 装配单元 | 分拣单元 |
	1#站（主站）	2#站（从站）	3#站（从站）	4#站（从站）	5#站（从站）
PUT	VB1000 ~ VB1003	VB1000 ~ VB1003	VB1000 ~ VB1003	VB1000 ~ VB1003	VB1000 ~ VB1003
GET	VB1020 ~ VB1023	VB1020 ~ VB1023			
	VB1030 ~ VB1033		VB1030 ~ VB1033		
	VB1040 ~ VB1043			VB1040 ~ VB1043	
	VB1050 ~ VB1053				VB1050 ~ VB1053

3. GET/PUT 向导组态

在 STEP 7 – Micro/WIN SMART 项目树中双击"向导"中的"Get/Put"，就会出现"Get/Put 向导"界面，可根据向导指引逐步完成组态过程，具体见表 7－6。

表 7－6　Get/Put 向导组态通信网络

组态步骤及说明	图示
步骤 1：添加 Get/Put 网络读写操作（8 项）	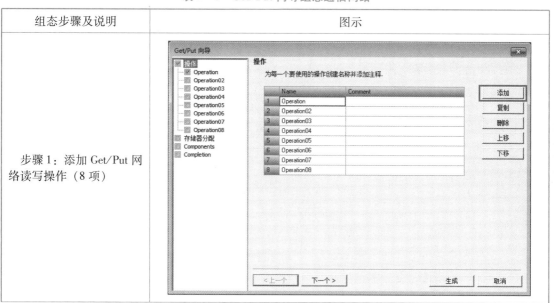

组态步骤及说明	图示
步骤 2：Operation 配置本地 CPU（输送单元）向远程 CPU（供料单元）网络的写操作（PUT）。 ① 主 站 VB1000 ~ VB1003：数据写入供料单元 VB1000 ~ VB1003； ② Operation2、Operation3、Operation4：写加工单元、装配单元与分拣单元，配置类似，只有远程 IP 不一样； ③每完成一项设置，单击"下一个"按钮	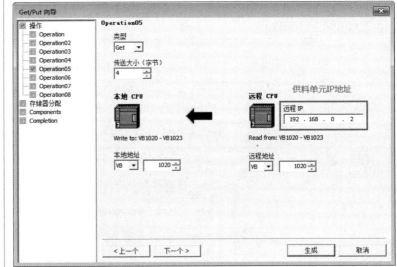
步骤 3：Operation05 配置本地 CPU（输送单元）向远程 CPU（供料单元）网络的读操作（GET）。 ① 主 站 VB1020 ~ VB1023：从供料单元 VB1020 ~ VB1023 读数据； ②Operation06 与 Operation08：读加工单元、装配单元与分拣单元，配置类似，只有读出字节与远程 IP 不一样	

组态步骤及说明	图示
步骤4：存储器分配。 ①8 项配置完成后，向导程序将要求指定一个 V 存储区的起始地址，以便将此配置放入 V 存储区； ②可在框中自行填入 V 存储区起始值，也可单击"建议"按钮，系统会自动建议一个大小合适且尚未使用的 V 存储区	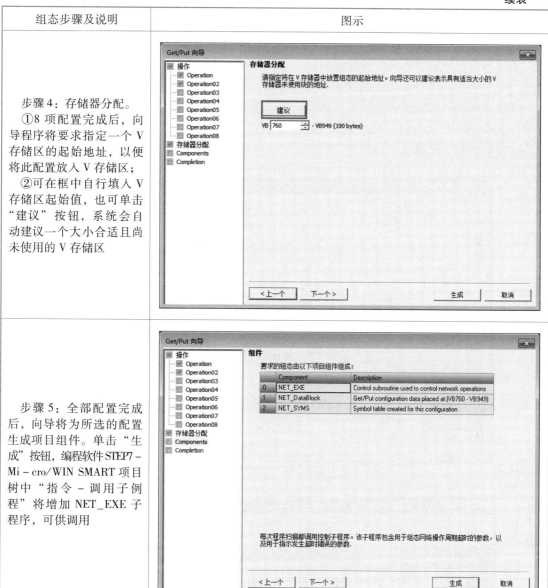
步骤5：全部配置完成后，向导将为所选的配置生成项目组件。单击"生成"按钮，编程软件STEP7 – Mi – cro/WIN SMART 项目树中"指令 – 调用子例程"将增加 NET_EXE 子程序，可供调用	

（二）人机界面组态

在 TPC7062Ti 人机界面上组态画面的要求：用户窗口包括主画面和欢迎画面两个窗口，其中，欢迎画面是启动界面，触摸屏上电后运行，屏幕上方的标题文字向右循环移动。

当触摸欢迎画面上任意部位时，都将切换到主画面界面。主画面界面组态应具有下列功能：

（1）提供系统工作方式（单站/全线）选择信号及系统复位、启动和停止信号。

（2）在人机界面上设定分拣单元变频器的输入运行频率（40～50 Hz）。

（3）在人机界面上动态显示输送单元机械手装置的当前位置（以原点位置为参考点，

度量单位为 mm）。

（4）指示网络的运行状态（正常、故障）。

（5）指示各工作单元的运行、故障状态。其中故障状态包括：

①供料单元的供料不足状态和缺料状态。

②装配单元的供料不足状态和缺料状态。

③输送单元抓取机械手装置越程故障（左或右极限开关动作）。

（6）指示全线运行时系统的紧急停止状态。

欢迎画面与主画面分别如图 7 - 21 和图 7 - 22 所示。

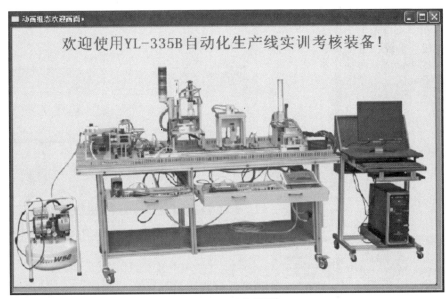

图 7 - 21　欢迎画面

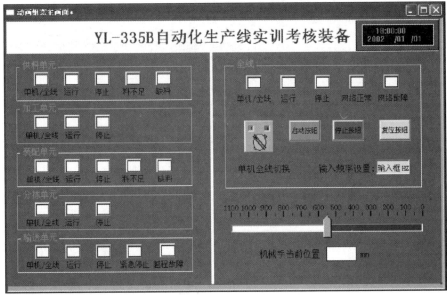

图 7 - 22　主画面

1. 工程创建

根据工作任务，对工程进行分析并规划。

（1）工程框架：有 2 个用户窗口，即欢迎画面和主画面，其中欢迎画面是启动界面的 1 个策略：循环策略。

（2）数据对象：各工作站以及全线的工作状态指示灯，单机全线切换旋钮，启动、停止、复位按钮，变频器输入频率设定，机械手当前位置等。

（3）图形制作。

①欢迎画面窗口：

a. 图片：通过位图装载实现；

b. 文字：通过标签实现；

c. 按钮：由对象元件库引入。

②主画面窗口：

a. 文字：通过标签构件实现；

b. 各工作站以及全线的工作状态指示灯、时钟：由对象元件库引入；

c. 单机全线切换旋钮及启动、停止、复位按钮：由对象元件库引入；

d. 输入频率设置：通过输入框构件实现；

e. 机械手当前位置：通过标签构件和滑动输入器实现。

（4）流程控制：通过循环策略中的脚本程序策略块实现。

进行上述规划后，就可以创建工程，然后进行组态。步骤是：在"用户窗口"中单击"新建窗口"按钮，建立"窗口 0"和"窗口 1"，然后分别设置两个窗口的属性。

2. 欢迎画面组态

1）建立欢迎画面

选中"窗口 0"，单击"窗口属性"，进入用户窗口属性设置界面。

（1）窗口名称改为"欢迎画面"。

（2）窗口标题改为欢迎画面。

（3）在"用户窗口"中选中"欢迎"，单击右键，选择下拉菜单中的"设置为启动窗口"选项，将该窗口设置为运行时自动加载的窗口。

2）编辑欢迎画面

选中"欢迎画面"窗口图标，单击"动画组态"，进入动画组态窗口开始编辑画面。

（1）装载位图。

选择"工具箱"内的"位图"按钮，鼠标的光标呈"十"字形，在窗口左上角位置拖拽鼠标，拉出一个矩形，使其填充整个窗口。

在位图上单击右键，选择"装载位图"，找到要装载的位图，单击选择该位图，如图 7 – 23 所示，然后单击"打开"按钮，则图片装载到了窗口。

图 7 – 23　装载位图

（2）制作按钮。

单击绘图工具箱中的按钮图标，在窗口中拖出一个大小合适的按钮，双击按钮，出现如图 7-24 所示的属性设置窗口。在"可见度属性"选项卡中选择"按钮不可见"；在"操作属性"选项卡中单击"按下功能"→"打开用户窗口"选择"主画面"，并使数据对象"HMI 就绪"的值置 1。

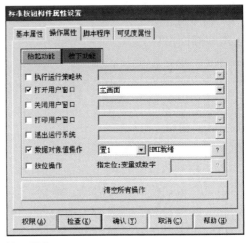

图 7-24　属性设置窗口

（3）制作循环移动的文字框图。

①选择"工具箱"内的"标签"按钮，拖拽到窗口上方中心位置，根据需要拉出一个大小适合的矩形框，在鼠标光标闪烁位置输入文字"欢迎使用 YL-335B 自动化生产线实训考核装备!"，按回车键或在窗口任意位置用鼠标单击一下，完成文字输入。

②静态属性设置。文字框的背景颜色：没有填充；文字框的边线颜色：没有边线；字符颜色：艳粉色；文字字体：华文细黑；字型：粗体，大小为二号。

③为了使文字循环移动，在"位置动画连接"中勾选"水平移动"，此时在对话框上端就增添"水平移动"窗口标签。水平移动属性页的设置如图 7-25 所示。

设置说明如下：

为了实现"水平移动"动画连接，首先要确定对应连接对象的表达式，然后再定义表达式的值所对应的位置偏移量。在图 7-25 中，定义一个内部数据对象"移动"作为表

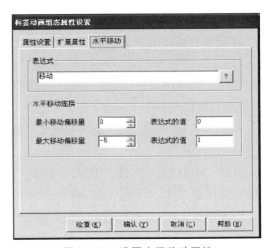

图 7-25　设置水平移动属性

达式，它是一个与文字对象的位置偏移量成比例的增量值，当表达式"移动"的值为 0 时，文字对象的位置向右移动 0 点（即不动）；当表达式"移动"的值为 1 时，对象的位置向左移动 5 点（-5）。也就是说"移动"变量与文字对象的位置之间的关系是一个斜率为 -5

的线性关系。

触摸屏图形对象所在的水平位置定义为：以左上角为坐标原点，单位为像素点，向左为负方向，向右为正方向。TPC7062Ti 分辨率是"800×480"，文字串"欢迎使用 YL – 335B 自动化生产线实训考核装备！"向左全部移出的偏移量约为 – 700 像素，故表达式"移动"的值为" + 140"。文字循环移动的策略是，如果文字串向左全部移出，则返回初始位置重新移动。

3）组态"循环策略"

组态"循环策略"的具体操作如下：

（1）在"运行策略"中，双击"循环策略"进入策略组态窗口。

（2）双击 图标进入"策略属性设置"，将循环时间设为"100 ms"，按"确认"按钮。

（3）在策略组态窗口单击工具条中的"新增策略行"图标，增加一策略行，如图 7 – 26 所示。

图 7 – 26　新增策略行

（4）单击"策略工具箱"中的"脚本程序"，将鼠标指针移到策略块图标上，单击鼠标左键，添加脚本程序构件，如图 7 – 27 所示。

图 7 – 27　添加脚本程序构件

（5）双击 进入策略条件设置，表达式中输入"1"，即始终满足条件。

（6）双击 进入脚本程序编辑环境，输入下面的程序：

```
if 移动 <=140 then
        移动 = 移动 +1
else
        移动 = -140
endif
```

（7）单击"确认"按钮，脚本程序编写完毕。

3. 主画面组态

1）建立主画面

（1）选中"窗口 1"，单击"窗口属性"，进入用户窗口属性设置界面。

（2）将窗口名称改为"主画面窗口"，标题改为"主画面"，"窗口背景"中选择所需要的颜色。

2）定义数据对象和连接设备

（1）定义数据对象。

各工作站以及全线的工作状态指示灯，单机全线切换旋钮，启动、停止、复位按钮，变频器输入频率设定，机械手当前位置等，都是需要与 PLC 连接，进行信息交换的数据对象。

定义数据对象的步骤：

①单击工作台中的"实时数据库"窗口标签，进入实时数据库窗口页。

②单击"新增对象"按钮，在窗口的数据对象列表中增加新的数据对象。

③选中对象，按"对象属性"按钮，或双击选中对象，即打开"数据对象属性设置"窗口，然后编辑属性，最后加以确定。表 7 - 7 列出了全部与 PLC 连接的数据对象。

表 7 - 7　主画面数据对象名称及类型

序号	对象名称	类型	序号	对象名称	类型
1	HMI 就绪	开关型	15	单机全线_供料	开关型
2	越程故障_输送	开关型	16	运行_供料	开关型
3	运行_输送	开关型	17	料不足_供料	开关型
4	单机全线_输送	开关型	18	缺料_供料	开关型
5	单机全线_全线	开关型	19	单机全线_加工	开关型
6	复位按钮_全线	开关型	20	运行_加工	开关型
7	停止按钮_全线	开关型	21	单机全线_装配	开关型
8	启动按钮_全线	开关型	22	运行_装配	开关型
9	单机全线切换_全线	开关型	23	料不足_装配	开关型
10	网络正常_全线	开关型	24	缺料_装配	开关型
11	网络故障_全线	开关型	25	单机全线_ _分拣	开关型
12	运行_全线	开关型	26	运行_分拣	开关型
13	急停输送	开关型	27	手爪当前位置_输送	数值型
14	变频器频率_ _分拣	数值型			

（2）设备连接。

使定义好的数据对象和 PLC 内部变量进行连接，步骤如下：

①打开"设备工具箱"，在可选设备列表中双击"西门子_Smart200"。

②双击"西门子_Smart200"，进入设备编辑窗口，按表 7 - 7 中的数据逐个"增加设备通道"，如图 7 - 28 所示。

3）主画面制作和组态

按以下步骤制作和组态主画面。

（1）制作主画面的标题文字，插入时钟，在"工具箱"中选择直线构件，把标题文字下

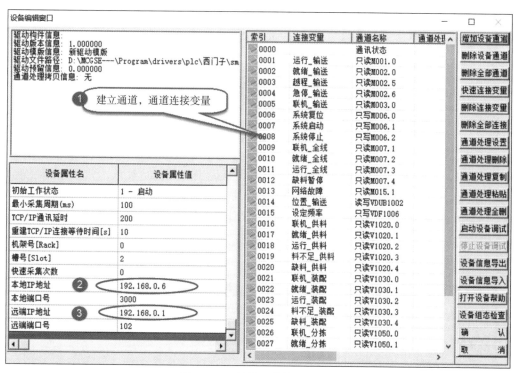

图 7-28　新增通道并连接变量

方的区域划分为如图 7-29 所示的两部分，区域左面制作各从站单元画面，右面制作主站输送单元画面。

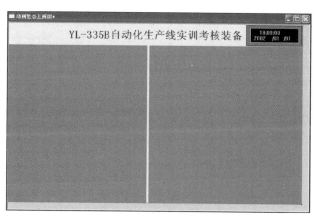

图 7-29　主画面窗口制作

2）制作各从站单元画面并组态

以供料单元组态为例，其画面如图 7-30 所示，图中还指出了各构件的名称。这些构件的制作和属性设置前面已有详细介绍，但"供料不足"和"缺料"两个状态指示灯有报警时闪烁功能的要求，下面通过制作供料站缺料报警指示灯着重介绍这一属性的设置方法。

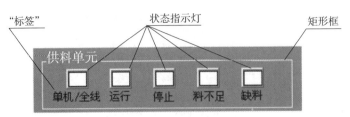

图7-30 供料单元画面组态

与其他指示灯组态不同的是：缺料报警分段点1设置的颜色是红色，并且还需组态闪烁功能。其设置步骤是：在"属性设置"页的"特殊动画连接"框中勾选"闪烁效果"，"填充颜色"旁边就会出现"闪烁效果"页，单击"闪烁效果"页，"表达式"选择为"料不足_供料"，在"闪烁实现方式"框中点选"用图元属性的变化实现闪烁"，"填充颜色"选择黄色，如图7-31所示。

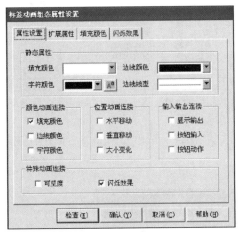
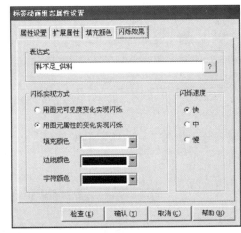

图7-31 指示灯构件闪烁效果制作方法

（3）制作主站输送单元画面。

这里只着重说明滑动输入器的制作方法。步骤如下：

①选中"工具箱"中的滑动输入器图标，当鼠标呈"十"字形后，拖动鼠标到适当大小，调整滑动块到适当的位置。

②双击滑动输入器构件，进入如图7-32所示的属性设置窗口，按照下面的值设置各个参数：

"基本属性"页中，"滑块指向"选择"指向左（上）"。

"刻度与标注属性"页中，"主划线数目"为11，"次划线数目"为2，小数位数为0。

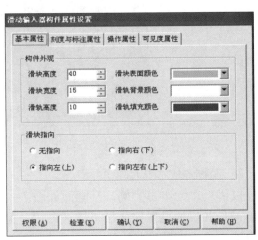

图7-32 "滑动输入器构件属性设置"对话框

"操作属性"页中，对应数据对象名称为"手爪当前位置_输送"，滑块在最左（下）边时对应的值为1 100，滑块在最右（上）边时对应的值为0。

其他为默认值。

④单击"权限"按钮，进入用户权限设置对话框，选择管理员组，按"确认"按钮完成制作。图7-33所示为制作完成的效果图。

图7-33　滑动输入器构件效果图

（三）TPC7062Ti 触摸屏在分拣站中的应用

为了进一步说明人机界面组态的具体方法和步骤，下面以分拣单元为例，由人机界面提供主令信号并显示系统工作状态的工作任务。

1. 工作任务要求

（1）设备的工作目标、通电和气源接通后的初始位置、具体的分拣要求，均与原工作任务相同，对于启动、停止操作和工作状态指示，则不通过"按钮/指示灯"模块进行操作和状态指示，而是在触摸屏上实现。

（2）当分拣单元入料口通过人工放下已装配的工件时，变频器立即启动，驱动传送电动机以触摸屏给定的速度把工件送去分拣，频率在40~50 Hz可调节。

（3）能在触摸屏上显示各分料槽工件累计的数据，且数据在触摸屏上可以被清零。

（4）根据以上要求完成人机界面组态和分拣程序的编写、调试。

2. 人机界面组态

分拣单元画面效果图如图7-34所示。

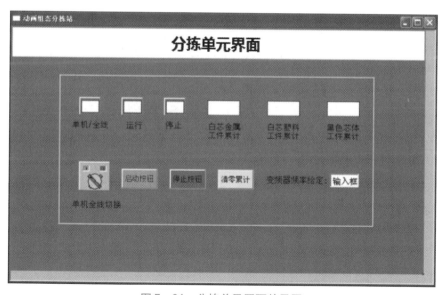

图7-34　分拣单元画面效果图

画面中包含了以下几方面的内容：

（1）状态指示：单机/全线、运行、停止。

（2）切换旋钮：单机全线切换。

（3）按钮：启动、停止、清零累计按钮。

（4）数据输入：变频器输入频率设置。

（5）数据输出显示：白芯金属工件累计、白芯塑料工件累计、黑色芯体工件累计。

（6）矩形框。

表7-8列出了触摸屏组态画面各元件对应的PLC地址。

表7-8 触摸屏组态画面各元件对应的PLC地址

元件类别	名称	输入地址	输出地址	备注
位状态切换开关	单机/全线切换	M0.1	M0.1	
位状态开关	启动按钮		M0.2	
	停止按钮		M0.3	
	累计清零按钮		M0.4	
位状态指示灯	单机/全线指示灯	M0.1	M0.1	
	运行指示灯		M0.0	
	停止指示灯		M0.0	
数值输出元件	金属工件累计	VW70		
	白色工件累计	VW72		
	黑色工件累计	VW74		

接下来给出人机界面的组态步骤和方法。

1）创建工程

新建工程，选择"TPC7062Ti"，工程名称为"YL335B-分拣站"，如图7-35所示。

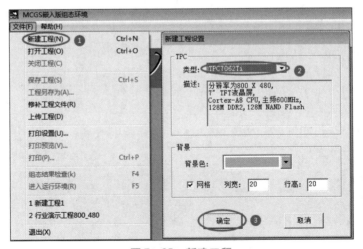

图7-35 新建工程

2）定义数据对象

根据前面给出的表7－8，定义数据对象，见表7－9。

表7－9　各元件的数据对象及数据类型

元件名称	数据对象	数据类型	注释
单机/全线切换	单机/全线切换	开关型	读/写
单机/全线指示灯			
启动按钮	启动	开关型	只写
停止按钮	停止	开关型	只写
清零累计按钮	清零	开关型	只写
运行指示灯	运行状态	开关型	只读
停止指示灯	运行状态	开关型	只读
金属工件累计	金属工件累计	数值型	只读
白色工件累计	白色工件累计	数值型	只读
黑色工件累计	黑色工件累计	数值型	只读

下面以数据对象运行状态为例，介绍定义数据对象的步骤。

（1）单击工作台中的"实时数据库"窗口标签，进入"实时数据库"窗口页，如图7－36所示。

图7－36　实时数据变量的定义

（2）单击"新增对象"按钮，在窗口的数据对象列表中增加新的数据对象，系统默认定义的名称为"Data1""Data2""Data3"等（多次单击该按钮，则可增加多个数据对象）。

（3）选中对象，按"对象属性"按钮，或双击选中对象，则打开"数据对象属性设置"窗口，将"对象名称"改为"运行状态"，"对象类型"选择"开关型"，单击"确认"按钮，如图7－37所示。

按照此步骤，根据上面列表，设置其他各数据对象。

3. 设备组态与通道连接

为了能够使触摸屏和PLC通信连接上，须把定义好的数据对象和PLC内部变量进行连

图 7-37　数据对象名称及对象类型的修改

接，具体操作步骤如下：

（1）在"设备窗口"中双击"设备窗口"图标进入。

（2）单击工具条中的"工具箱"图标，打开"设备工具箱"。

（3）在可选设备列表中双击"PLC"，然后双击"西门子"出现"Smart200"，再双击"西门子_Smart200"，如图 7-38 所示。

图 7-38　西门子_Smart200 设备管理

按图 7 - 39 所示设置"本地 IP 地址"和"远端 IP 地址"。

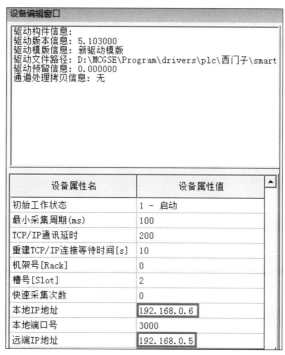

图 7 - 39　IP 设置

（4）接下来进行变量的连接，这里以"运行状态"变量进行连接为例说明。

①单击"增加设备通道"按钮，出现如图 7 - 40 所示窗口。

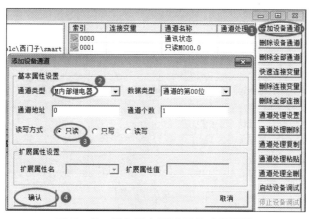

图 7 - 40　添加设备通道及修改其属性

各参数设置如下：

a. 通道类型：M 寄存器；

b. 数据类型：通道的第 00 位；

c. 通道地址：0；

d. 通道个数：1；

e. 读写方式：只读。

②单击"确认"按钮，完成基本属性设置。

③双击"只读M000.0"通道对应的连接变量，从数据中心选择变量："运行状态"。用同样的方法增加其他通道，连接变量，如图7-41所示，完成后单击"确认"按钮。

索引	连接变量	通道名称	通道处理
0000		通讯状态	
0001	运行状态	只读M000.0	
0002	单机全线切换	读写M000.1	
0003	启动按钮	只写M000.2	
0004	停止按钮	只写M000.3	
0005	清零累计按钮	只写M000.4	
0006	变频器频率给定	只写VWUB072	
0007	白芯金属工件累计	只写VWUB074	
0008	白芯塑料工件累计	只写VWUB076	
0009	黑色芯体工件累计	读写VWUB1002	

图7-41 所有变量与对应的通道相连接的效果

4. 画面和元件的制作

1）新建画面以及属性设置

（1）在"用户窗口"中单击"新建窗口"按钮，建立"窗口0"。选中"窗口0"，单击"窗口属性"，进入用户窗口属性设置。

（2）将"窗口名称"改为"分拣画面"，"窗口标题"改为"分拣画面"。

（3）单击"窗口背景"，在"基本颜色"中选择所需的颜色，如图7-42所示。

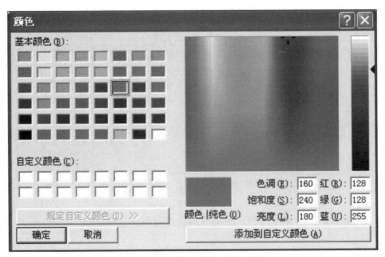

图7-42 窗口背景颜色选择

2）制作文字框图

以标题文字的制作为例说明。

（1）单击工具条中的"工具箱"按钮，打开绘图工具箱。

（2）选择"工具箱"内的"标签"按钮，鼠标的光标呈"十"字形，在窗口顶端中心位置拖拽鼠标，根据需要拉出一个大小适合的矩形。

（3）在光标闪烁位置输入文字"分拣站界面"，按回车键或在窗口任意位置用鼠标单击一下，文字输入完毕。

（4）选中文字框，做如下设置：

①单击工具条上的"填充色"按钮，设定文字框的背景颜色为"白色"。

②单击工具条上的"线色"按钮，设置文字框的边线颜色为没有边线。

③单击工具条上的"字符字体"按钮，设置文字字体为"华文细黑"，字型为"粗体"，大小为"二号"。

④单击工具条上的"字符颜色"按钮，将文字颜色设为"藏青色"。

（5）其他文字框的属性设置如下：

①背景颜色：同画面背景颜色。

②边线颜色：没有边线。

③文字字体为"华文细黑"，字型为"常规"，字体大小为"二号"。

3）制作状态指示灯

以"单机/全线"指示灯为例说明。

（1）单击绘图工具箱中的"插入元件"图标，弹出"对象元件库管理"对话框（见图7-43），选择"指示灯6"，按"确认"按钮。双击指示灯，弹出的对话框如图7-44所示。

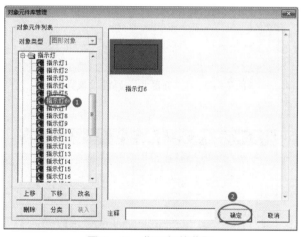

图7-43　指示灯的获取

（2）在"数据对象"中，单击右角的"？"按钮，从数据中心选择"单机全线切换"变量。

（3）在"动画连接"中，单击"填充颜色"，右边出现" > "按钮，如图7-45所示。

（4）单击" > "按钮，出现如图7-46所示"标签动画组态属性设置"对话框。

（5）"属性设置"页中，"填充颜色"设置为白色。

图 7 - 44　指示灯变量的连接

图 7 - 45　"填充颜色"属性设置界面

图 7 - 46　"标签动画组态属性设置"对话框

（6）"填充颜色"页中，分段点 0 对应颜色为白色，分段点 1 对应颜色为浅绿色，如图 7-47 所示，单击"确认"按钮完成。

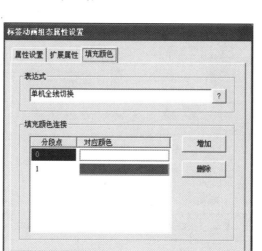

图 7-47 "标签动画组态属性设置"对话框的"填充颜色"选项卡

4）制作切换旋钮

单击绘图工具箱中的"插入元件"图标，弹出"对象元件库管理"对话框，选择"开关6"，单击"确定"按钮。双击旋钮，弹出如图 7-48 所示的对话框。在数据对象页"按钮输入"和"可见度"的"数据对象连接"中输入"单机全线切换"。

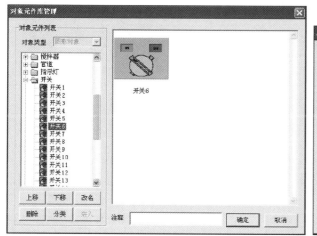

图 7-48 制作切换旋钮

5）制作按钮

以启动按钮为例，加以说明。

（1）单击绘图工具箱中 " ▢ " 图标，在窗口中拖出一个大小合适的按钮，双击按钮，出现属性设置窗口，如图 7 - 49 所示。

图 7 - 49 "标准按钮构建属性设置"对话框

（2）在"基本属性"页中，无论是抬起还是按下状态，"文本"都设置为"启动按钮"；在"抬起"功能属性中，字体设置为"宋体"，字体大小设置为"五号"，背景颜色设置为"浅绿色"；在"按下"功能属性中，字体大小设置为"小五号"，其他同"抬起"功能。

（3）在"操作属性"页中，"抬起"功能中数据对象操作清 0，启动按钮；"按下"功能中，数据对象操作置 1，启动按钮。

（4）其他默认。单击"确认"按钮完成。

6）数值输入框

（1）选中"工具箱"中的"输入框"图标，拖动鼠标，绘制一个输入框。

（2）双击图标，进行属性设置。

①数据对象名称：最高频率设置。

②使用单位：Hz。

③最小值：40。

④最大值：50。

⑤小数点位：0。

设置结果如图 7 - 50 所示。

7）数据显示

以白色金属料累计数据显示为例：

①选中"工具箱"中的"显示框"图标，拖动鼠标，绘制一个显示框。

②双击显示框，在弹出的"标签动画组态属性设置"对话框的"输入输出连接"域中选中"显示输出"选项，则在组态属性设置窗口中会出现"显示输出"标签，如图 7 - 51 所示。

（3）单击"显示输出"标签，设置显示输出属性。

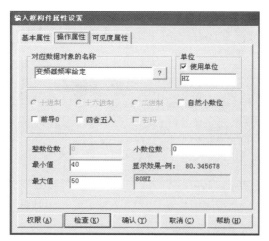

图7-50 "输入框构件属性设置"对话框

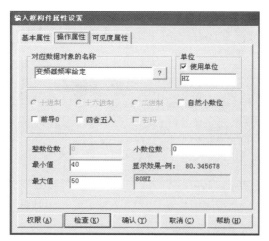

图7-51 "标签动画组态属性设置"对话框

①表达式：白色金属料累计。

②单位：个。

③输出值类型：数值量输出。

④输出格式：十进制。

⑤整数位数：0。

⑥小数位数：0。

（4）单击"确认"按钮，制作完成。

8）制作矩形框

单击"工具箱"中的"矩形框"图标，在窗口的左上方拖出一个大小适合的矩形，双击矩形，出现如图7-52所示的窗口，属性设置如下：

（1）单击工具条上的"填充色"按钮，设置矩形框的背景颜色为"没有填充"。

（2）单击工具条上的"线色"按钮，设置矩形框的边线颜色为"白色"。

（3）其他默认。单击"确认"按钮完成。

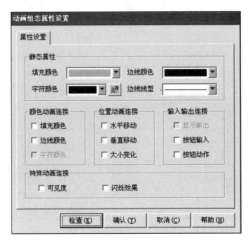

图 7-52　矩形框"动画组态属性设置"对话框

5. 工程的下载（见图 7-53）

图 7-53　工程下载

（四）PLC 控制程序编写

1. 联机程序的设计思想

"联机程序"是指在单站功能的基础上，增加单站与单站之间的数据通信，以实现生产线的自动化控制功能。单站功能与联机功能通过各个工作站的按钮/指示灯模块中的工作方式选择开关来切换。

为了实现联机功能，必须保证各个单元均处于准备就绪状态，否则不能进入联机状态。当进入联机状态后，需要指定以太网中的某一个工作站作为主站（一般指定输送站作为主站），其余工作站作为从站。主站具有发送和接收数据的功能，而从站只能被动地接收主站发送过来的数据。

1）主站与供料单元之间的数据通信

主站与供料单元之间的数据通信包括主站向供料单元发送（写）数据和主站接收（读）供料站的数据。

（1）主站写数据到供料单元。

数据主要包括供料单元启动信号、供料单元停止信号和允许供料信号。

（2）主站从供料单元读数据

数据主要包括供料单元准备就绪信号、供料运行/停止信号、供料完成信号、供料不足信号和供料缺料信号。

2）主站与加工单元之间的数据通信

主站与加工单元之间的数据通信包括主站向加工单元发送（写）数据和主站接收（读）加工单元数据。

（1）主站写数据到加工单元。

数据主要包括加工单元启动信号、加工单元停止信号和允许加工信号。

（2）主站从加工站读数据。

数据主要包括加工单元准备就绪信号、加工运行/停止信号和加工完成信号。

3）主站与装配单元之间的数据通信

主站与装配单元之间的数据通信包括主站向装配单元发送（写）数据和主站接收（读）装配站数据。

（1）主站写数据到装配单元。

数据主要包括装配单元起动信号、装配单元停止信号和允许装配信号。

（2）主站从装配单元读数据。

数据主要包括装配单元准备就绪信号、装配运行/停止信号、装配完成信号、装配单元供料不足信号和装配单元缺料信号。

4）主站与分拣单元之间的数据通信

主站与分拣单元之间的数据通信包括主站向分拣单元发送（写）数据和主站接收（读）分拣单元数据。

（1）主站写数据到分拣单元。

数据主要包括分拣单元起动信号、分拣单元停止信号和允许分拣信号。

（2）主站从分拣单元读数据。

数据主要包括分拣单元准备就绪信号、分拣运行/停止信号和分拣完成信号。

2. 联机程序的通信数据分配

根据联机程序的设计思想以及联机程序的工作任务要求，按照表7-5的规划要求，对主站与从站之间的通信数据的详细分配见表7-10~表7-14。

表 7-10　输送单元（1#站）数据位定义

输送单元位地址	数据意义	备注
V1000.0	联机运行信号	
V1000.1	联机停止信号	预留
V1000.2	急停信号	急停动作＝1
V1000.5	全线复位	
V1000.6	系统就绪	
V1000.7	触摸屏全线/单机方式	1＝全线　0＝单机
V1001.2	允许供料信号	
V1001.3	允许加工信号	
V1001.5	允许分拣信号	
VD1002	变频器最高频率输入	

表 7-11　供料单元（2#站）数据位定义

供料单元位地址	数据意义	备注
V1020.0	供料单元在初始状态	
V1020.1	一次推料完成	
V1020.4	全线/单站方式	1＝全线　0＝单机
V1020.5	运行信号	
V1020.6	物料不足	
V1020.7	物料没有	

表 7-12　加工单元（3#站）数据位定义

加工单元位地址	数据意义	备注
V1030.0	加工单元在初始状态	
V1030.1	冲压完成信号	
V1030.4	全线/单站方式	1＝全线　0＝单机
V1030.5	运行信号	

表 7-13　装配单元（4#站）数据位定义

供料单元位地址	数据意义	备注
V1040.0	装配单元在初始状态	
V1040.1	装配完成信号	
V1040.4	全线/单机方式	1＝全线　0＝单机
V1040.6	料仓物料不足	
V1040.7	料仓物料没有	

表 7 - 14 分拣单元（5#站）数据位定义

供料单元位地址	数据意义	备注
V1050.0	分拣单元在初始状态	
V1050.1	分拣完成信号	
V1050.4	全线/单机方式	1 = 全线 0 = 单机
V1050.5	运行信号	

3. 联机程序的编写与实现

联机程序的编写最好是在单站程序的基础上进行改写，但是必须把握好全局，要有单机和联机的切换，做到单站和联机的无缝融合。在规划好通信数据的基础上，适当加入与其他工作站的通信数据，由此确定各站的程序流向和运行条件。下面主要介绍在单站程序的基础上，如何改写为联机程序的关键技术。

1）单机/联机的切换

在前面的单站工作条件下，无须考虑单机和联机的切换，但是在编写联机程序时，必须考虑如何进行单机和联机的切换。单机和联机的切换通过各工作站按钮/指示灯模块上的工作方式转换开关来完成，其梯形图举例如图 7 - 54 所示。

图 7 - 54 供料站的单机/联机切换梯形图

图 7 - 54 所示为供料单元的单机/联机切换梯形图。在供料单元处于停止状态下，如果将工作方式转换开关拨至单机位置（即 I1. 5 = 0）并且触摸屏单机/联机开关处于单机状态（即 V1000. 7 = 0），则 RS 触发器的输入条件为 R1 = 1、S = 0，所以 RS 触发器为复位状态，其输出值 M3. 4 = 0，说明此时为单机状态。如果将工作方式转换开关拨至联机位置（即 I1. 5 = 1），则 RS 触发器的输入条件为 S = 1、R1 = 0，所以 RS 触发器为置位状态，其输出值 M3. 4 = 1，说明此时为联机状态。值得注意的是：这里加入来自触摸屏的控制信号 V1000. 7，目的是当工作单元的工作方式拨至联机位置并且触摸屏也处于联机状态时，工作单元的工作方式不能切换到单机模式，除非先把触摸屏的工作方式切换到单机模式。

加工单元、装配单元、分拣单元和输送单元的单机/联机切换方法与供料单元类似。

2）联机启动条件

联机的启动条件有两个，一是所有设备均处于联机状态；二是所有设备均处于准备就绪状态。具体编写程序时，需要在主站把供料、加工、装配、分拣和输送单元的联机信号串联起来作为第一个启动条件（见图 7 - 55），再把所有工作单元的准备就绪信号串联起来作为第二个启动条件（见图 7 - 56）。两个条件同时满足才可以进行联机启动，如图 7 - 57 所示。

```
供料联机:V1020.4  加工联机:V1030.4  装配联机:V1040.4  分拣联机:V1050.4   HMI联机:M6.3   联机方式:M3.4   全线联机:M3.5
├──┤ ├──────┤ ├──────┤ ├──────┤ ├──────┤ ├──────┤ ├──────┤ ├──────────( )
```

图 7-55　全线联机信号

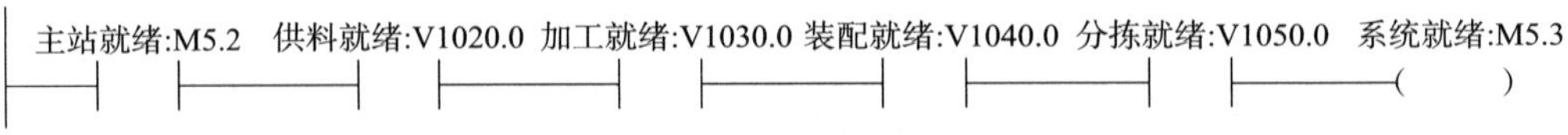

```
主站就绪:M5.2  供料就绪:V1020.0  加工就绪:V1030.0  装配就绪:V1040.0  分拣就绪:V1050.0  系统就绪:M5.3
├──┤ ├──────┤ ├──────┤ ├──────┤ ├──────┤ ├──────┤ ├──────────( )
```

图 7-56　系统就绪信号

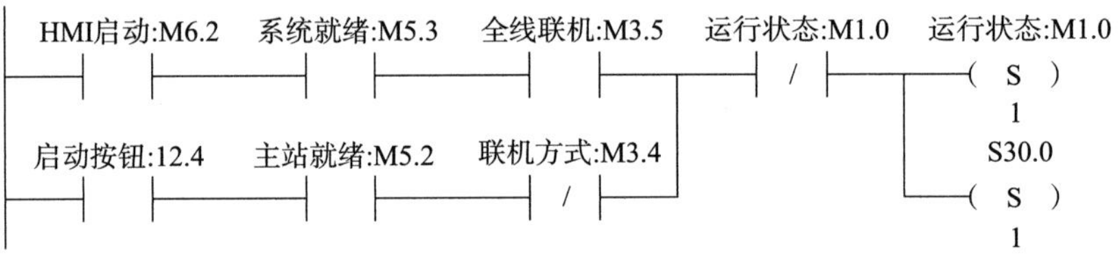

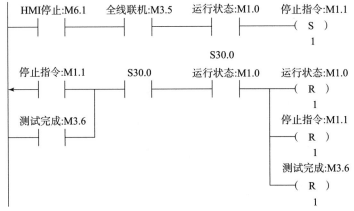

图 7-57　联机启动信号

3）联机停止条件

联机停止信号仅由触摸屏上的主令按钮完成。当按下停止按钮时，向系统发出停止信号，待系统完成一个周期工作方可停止运行。其梯形图如图 7-58 所示。

图 7-58　联机停止梯形图

4）主站与供料单元的数据通信

（1）主站请求供料单元供料。

当触摸屏发出系统起动信号后，主站立刻向供料站发出供料请求信号（V1001.2 = 1），该信号通过以太网发送至供料单元，如图 7-59 所示。

图 7-59　主站向供料单元发出允许供料信号

（2）供料单元接收来自主站的供料请求信号。

在联机方式下供料单元等待来自主站的请求供料信号，当 V1001.2 = 1 时，如果料仓有料而料台无料，则开始启动供料操作，如图 7 - 60 所示。

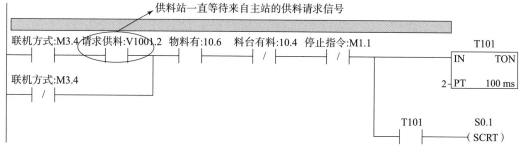

图 7 - 60　供料单元等待来自主站的供料请求信号

（3）供料单元发出供料完成信号。

当供料单元依次完成顶料、推料、推料复位和顶料复位等工序后，表明一次供料操作完成，此时向系统发出供料完成信号，即 V1020.1 = 1，该信号通过以太网供主站读取，如图 7 - 61 所示。

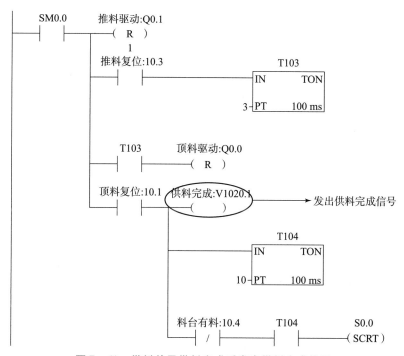

图 7 - 61　供料单元供料完成后发出供料完成信号

（4）主站接收到供料完成信号后开始发出抓料信号。

在联机方式下，主站通过以太网读取到供料完成信号（V1020.1 = 1）后，系统将转移至 S30.1 步开始执行抓料操作，如图 7 - 62 所示。

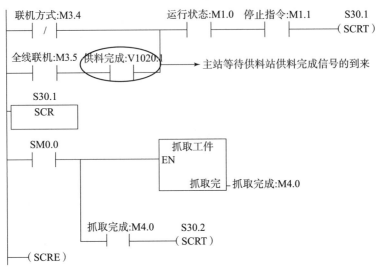

图7-62　主站读取到供料单元的供料完成信号后发出抓料信号

5）主站与加工单元的数据通信

（1）主站向加工单元发出允许加工信号。

当输送单元从供料单元抓取工件并将其运送至加工单元加工台的正前方再将工件放至加工台上时，主站立即向加工单元发出允许加工信号，即 V1001.3 = 1，该信号通过以太网发送至加工单元，如图7-63所示。

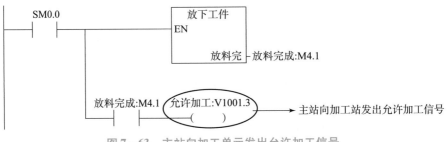

图7-63　主站向加工单元发出允许加工信号

（2）加工单元接收来自主站的允许加工信号。

在联机方式下，当加工单元接收到来自主站的允许加工信号（V1001.3 = 1）后，开始启动加工单元加工工件操作，如图7-64所示。

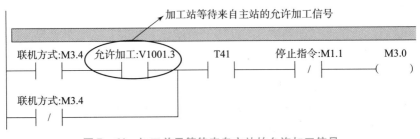

图7-64　加工单元等待来自主站的允许加工信号

（3）加工单元发出加工完成信号。

当加工单元依次完成加工台夹紧、加工台缩回、冲压、冲压复位、加工台伸出和加工台手爪松开等工序后，则一次加工工件操作完成，此时向系统发出加工完成信号（V1030.1 = 1），该信号通过以太网供主站读取，如图7 - 65所示。

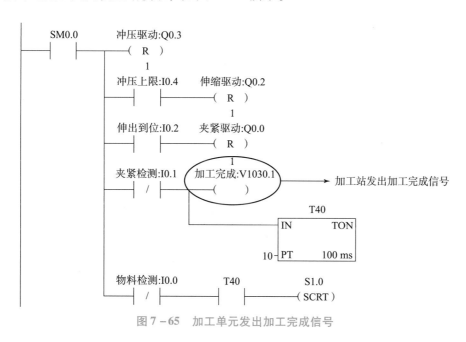

图7 - 65　加工单元发出加工完成信号

（4）主站接收到加工完成后信号后开始发出抓料信号。

在联机方式下，当主站接收到加工站加工完成信号（V1030.1 = 1）后，系统将转移至S30.4步进行抓料操作，如图7 - 66所示。

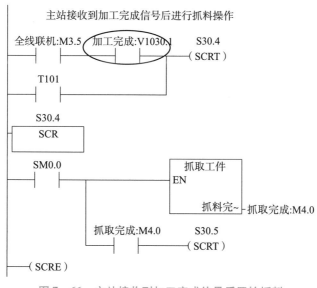

图7 - 66　主站接收到加工完成信号后开始抓料

6）主站与装配单元的数据通信

（1）主站向装配单元发出允许装配信号。

当输送单元从加工单元抓取工件并将其运送至装配单元装配台的正前方，再将工件放至装配台上时，主站立即向装配单元发出允许装配信号，即 V1001.4 = 1，该信号通过以太网发送至装配单元，如图 7 - 67 所示。

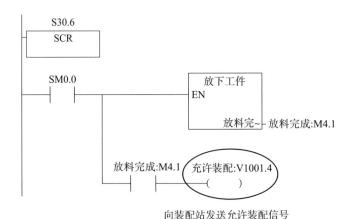

图 7 - 67　主站向装配站发出允许装配信号

（2）装配单元接收来自主站的允许装配信号。

在联机方式下，当装配单元接收到来自主站的允许装配信号（V1001.4 = 1）后，开始启动装配单元进行装配工件操作，如图 7 - 68 所示。

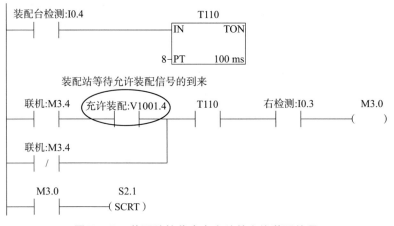

图 7 - 68　装配站接收来自主站的允许装配信号

（3）装配单元发出装配完成信号。

当装配单元依次完成机械手下降并抓料、机械手上升、机械手伸出、机械手下降并放料和机械手上升并缩回等工序后，则一次装配工件操作完成，此时向系统发出装配完成信号（V1040.1 = 1），该信号通过以太网供主站读取，如图 7 - 69 所示。

（4）主站接收到装配完成信号后系统将开始抓料。

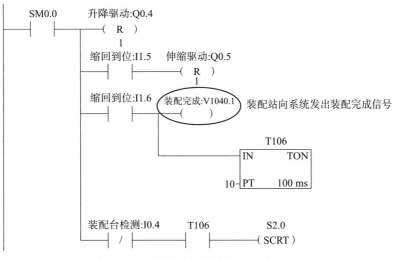

图7-69　装配单元发出装配完成信号

在联机方式下，当主站接收到装配单元装配完成信号（V1040.1＝1）后，系统将转移至 S30.7 步进行抓料操作；在单机方式下，延时 2 s 后转移至 S30.7 步进行抓料操作。如图7-70所示。

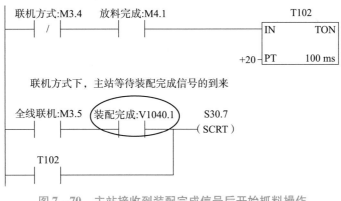

图7-70　主站接收到装配完成信号后开始抓料操作

7）主站与分拣单元的数据通信

（1）主站向分拣单元发出允许分拣信号。

当输送单元从装配单元抓取工件并将其运送至分拣单元入料口再将工件放至入料口时，立即向分拣单元发出允许分拣信号，即 V1001.5＝1，该信号通过以太网发送至分拣单元，同时高速返回距原点 200 mm 处，如图7-71所示。

（2）分拣单元接收来自主站的允许分拣信号。

在联机方式下，当分拣单元接收到来自主站的允许分拣信号（V1001.5＝1）后，开始启动分拣单元进行分拣工件操作，如图7-72所示。

（3）分拣单元发出分拣完成信号。

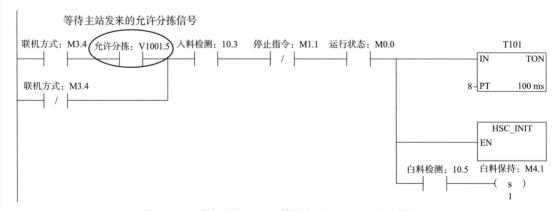

```
           S31.1
          ┌──────┐
          │ SCR  │
          └──────┘

      SM0.0                      ┌──放下工件──┐
  ────┤ ├────┬──────────────────┤EN         │
                                 │           │
                                 │    放料完~├─放料完成:M4.1
                                 └───────────┘

              放料完成:M4.1   S31.2
          ────┤ ├──────────( SCRT )

  ──( SCRE )

           S31.2
          ┌──────┐
          │ SCR  │
          └──────┘

              主站向分拣站发出允许分拣信号

      SM0.0    允许分拣:V1001.5
  ────┤ ├──────┤ ├──────( )

   Always_On:SM0.0   ┌──AXISO_GOTO──┐
  ────┤ ├────────────┤EN            │
                      │             │
    左限位:10.1       │             │
  ────┤/├─────────────┤START        │
                      │             │
          20000.0─────┤Pos     Done ├─V10.1
          40000.0─────┤Speed  Error ├─VB11
                0─────┤Mode   C_Pos ├─VD12
            V10.0─────┤Abort C_Speed├─VD16
                      └─────────────┘
```

图 7-71 主站向分拣站发出允许分拣信号

```
        等待主站发来的允许分拣信号

 联机方式:M3.4  允许分拣:V1001.5  入料检测:10.3  停止指令:M1.1  运行状态:M0.0        T101
 ────┤ ├───────┤ ├──────────────┤ ├──────────┤/├──────────┤ ├────┬──┤IN      TON │
                                                                   │  │            │
 联机方式:M3.4                                                      │ 8┤PT    100 ms│
 ────┤/├──┘                                                        │  └────────────┘
                                                                   │
                                                                   │  ┌──HSC_INIT──┐
                                                                   ├──┤EN          │
                                                                   │  └────────────┘
                                                                   │
                                                                   │  白料检测:10.5  白料保持:M4.1
                                                                   └──┤ ├──────────( s )
                                                                                      1
```

图 7-72 联机方式下必须等待主站发来允许分拣信号

　　当分拣单元将工件推入任一料槽后，表明一次分拣工件操作完成，此时向系统发出分拣完成信号（V1050.1 =1），该信号通过以太网供主站读取，如图 7-73 所示。

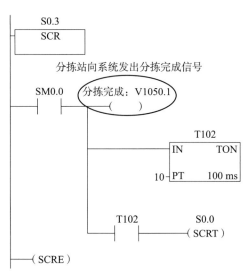

图 7－73   分拣单元向系统发出分拣完成信号

8）主站与触摸屏的数据通信

触摸屏与主站的通信数据见表 7－15。

表 7－15   触摸屏与主站的通信数据

序号	连接变量	通道名称	序号	连接变量	通道名称
1	超程故障_输送	M0.7（只读）	14	单机/全线_供料	V1020.4（只读）
2	运行状态_输送	M1.0（只读）	15	运行状态_供料	V1020.5（只读）
3	单机/全线_输送	M3.4（只读）	16	工件不足_供料	V1020.6（只读）
4	单机/全线_全线	M3.5（只读）	17	工件没有_供料	V1020.7（只读）
5	复位按钮_全线	M6.0（只写）	18	单机/全线_加工	V1030.4（只读）
6	停止按钮_全线	M6.1（只写）	19	运行状态_加工	V1030.5（只读）
7	起动按钮_全线	M6.2（只写）	20	单机/全线_装配	V1040.4（只读）
8	方式切换_全线	M6.3（读/写）	21	运行状态_装配	V1040.5（只读）
9	网络正常_全线	M7.0（只读）	22	工件不足_装配	V1040.6（只读）
10	网络故障_全线	M7.1（只读）	23	工件没有_装配	V1040.7（只读）
11	运行状态_全线	V1000.0（只读）	24	单机/全线_分拣	V1050.4（只读）
12	急停状态_输送	V1000.2（只读）	25	运行状态_分拣	V1050.5（只读）
13	输入频率_全线	VW1002（读/写）	26	手爪位置_输送	VD2000（只读）

（五）联机程序调试

进行联机程序调试前，必须确保以下工作完成并正确运行。

（1）5个单站的程序运行正确。

（2）已经组建了以太网网络。

（3）已经完成触摸屏的组态设计。

（4）已经完成上述 5 个单站程序的改写。

上述 4 项工作完成后，就可以进行联机程序调试了，调试的方法需要在实践中不断总结和完善。系统调试时：

（1）将每个站点旋钮开关打到联机状态（右侧）。

（2）系统启动前先执行复位操作，待整机系统就绪后才能启动。

（3）系统启动后，输送单元到供料单元抓料，加工单元加工完成后送到装配单元装配，然后把装配好的工件送往分拣单元进行成品分拣，最后返回原点。

五、任务检查

严格按照工作任务来完成本任务的实训内容，完成实训任务后需提交工作任务检查表，具体见表 7 - 16。

表 7 - 16　系统联机运行的人机界面组态和 PLC 编程任务检查表

项目	分值	评分要点	检查情况	得分
5 个工作单元以太网系统的构建	10	以太网系统通信正常		
5 个工作单元 PLC 程序的设计	10	根据工艺控制要求编写 PLC 梯形图程序		
人机界面组态设计	10	组态画面符合要求，能与主站建立正常的通信关系，能实现与工作任务要求相符的监控信号		
5 个工作单元的联机调试及运行	40	根据工艺要求完成程序调试，运行正确		
职业素养	30	分工合理，制订计划能力强，严谨认真；爱岗敬业，安全意识，责任意识，服从意识；团队合作，交流沟通，互相协作，分享能力；主动性强，保质保量完成工作页相关任务；能采取多样化手段收集信息、解决问题		
合计	100			

六、任务评价

严格按照任务检查表来完成本任务实训内容，教师对学生实训内容完成情况进行客观评价，评价表见表 7 - 17。

表 7-17　系统联机运行的人机界面组态和 PLC 编程任务评价表

评价项目	评价内容	分值	教师评价
职业素养 30 分	分工合理，制订计划能力强，严谨认真	5	
	爱岗敬业，安全意识，责任意识，服从意识	5	
	团队合作，交流沟通，互相协作，分享能力	5	
	遵守行业规范，现场 6S 标准	5	
	主动性强，保质保量完成工作页相关任务	5	
	能采取多样化手段收集信息、解决问题	5	
专业能力 60 分	PLC 的 I/O 分配及接线端子分配	15	
	系统安装接线，并校核接线的正确性	15	
	PLC 程序编制	15	
	系统调试与运行	15	
创新意识 10 分	创新性思维和行动	10	
合计		100	

 扩展提升

　　在本项目完成的基础上，尝试将触摸屏连接到装配单元或分拣单元，完成联机程序的改写与调试。

参 考 文 献

［1］吕景泉. 自动化生产线安装与调试［M］. 3 版. 北京：中国铁道出版社，2017.

［2］廖常初. S7 – 200 SMART PLC 编程及应用［M］. 北京：机械工业出版社，2015.

［3］西门子（中国）有限公司. 深入浅出西门子 S7 – 200 SMART PLC［M］. 北京：北京航空航天大学出版社，2015.

［4］邵泽强，万伟军. 机电设备装调技能训练与考级［M］. 北京：北京理工大学出版社，2013.

［5］张同苏，李志梅. 自动化生产线安装与调试实训和备赛指导［M］. 北京：高等教育出版社，2016.